在明明德

大学的伦理之基

杨斌　姜朋　钱小军　著

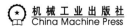

机械工业出版社

China Machine Press

图书在版编目（CIP）数据

在明明德：大学的伦理之基 / 杨斌，姜朋，钱小军著 . —北京：机械工业出版社，2020.8
（2021.1 重印）

ISBN 978-7-111-66233-4

Ⅰ. 在… Ⅱ. ①杨… ②姜… ③钱… Ⅲ. 职业伦理学 – 教学研究 – 高等学校 Ⅳ. B822.9

中国版本图书馆 CIP 数据核字（2020）第 139219 号

　　大学的功能，首先是育人。具体的途径可以是课堂教学、科学研究，也可以是各种课外活动。无论是哪种，其间都包含了伦理的维度。它界定了教师的责任，限定了研究者行为的尺度，也关乎育人的重要指标——价值塑造该如何实现。在上述讨论的大背景下，在更为微观的层面上，越来越多的院校针对不同专业的职业伦理课应否开设、教授什么、如何教授、怎样评价效果展开了探讨。

在明明德：大学的伦理之基

出版发行：机械工业出版社（北京市西城区百万庄大街 22 号　邮政编码：100037）
责任编辑：孟宪勐
责任校对：殷　虹
印　　刷：三河市东方印刷有限公司
版　　次：2021 年 1 月第 1 版第 5 次印刷
开　　本：147mm×210mm　1/32
印　　张：7.75
书　　号：ISBN 978-7-111-66233-4
定　　价：69.00 元

客服电话：（010）88361066　88379833　68326294　　投稿热线：（010）88379007
华章网站：www.hzbook.com　　　　　　　　　　　　读者信箱：hzjg@hzbook.com

谨以此书献给

我们课堂上的同学，和我们的大学同人

从你们身上我们学到很多

畏因如果　教人"学好"

杨　斌

"大学之道，在明明德，在亲民，在止于至善。"我们都很清楚，《大学》起首的"大学"，指的不是现代大学、高等院校，而是相对于"教之以洒扫应对进退之节，礼乐射御书数之文"的"小学"而言，"教之以穷理、正心、修己、治人之道"的"大人"之学、君子之道。此"大人"，也非成年人之意。"学"分出"大"与"小"，则是在强调器识与文艺之别。

所以，我常跟同人分享：大学之大学问，非艰深高难仄，实君子之道也。梅贻琦、潘光旦先生说过："乍一看来，今天的大学教育，似乎与'明明德''新民'的意思不大有关系，但如果仔细考察，就可以知道今天大学教育的种种措施，始终未能超越这两条原则的范围，问题在于'体认尚有未尽，实践尚有不力'——认识还不足，做得还不够——罢了。"[1] 善哉，子之言极是。

这种理解，有其深意。开发人力、培育人才是从经济结果的角度来衡量教育产出，对于受教育者完善人格（所谓"成人"）之成果，却因其度量不易而少了关注。同时，教育对一个国家和地区而言，还承载着凝聚人心（所谓"成群"）之责。较之于人们熟悉的人口红利与人才红利这两个概念，人文红利 [2] 这个新概念，更能让我们看清教育（不仅是学校教育，还包括广义的公民教育、社会建设）极其重要的人文价值——受教育者个体的人格完善与群体之人心凝聚，都是造福人民之根本贡献；人格完善与人心凝聚，都更得靠"明德""亲民"与"止于至善"的大学问。应当说，在高等教育更加普及后，大学文凭的获得者与梁启超先生所说的"君子人者"越来越相去甚远时，"大学之道"越发显露出其重要性与本质。

接受更高层次的教育，当然是一件好事。从温饱到小康，从有学上，到上好学，再到能学好，这个变化，是本质性的，意味着花了很大力气解决数量和规模问题后，高质量、内涵式发展成为关键。上好学或能学好，看似普通的字眼，也值得认真想想，什么才称得上"好学""学好"？

好学，就是教人（助人、让人、度人）学好的教育。做这个转换，一是强调学习者是决定教育成效的终极主体，进到了好学（校），不一定能学好；二是我说教人或者助人，抑或让人，甚至度人，教者的姿态与方式是各种各样的，并不必须是施之于上，完全可能是悠兮贵言。教育，最终是要看"学好"。

学好，看似不能再简单的词语，却有着不同层面的理解空间。

学好，最直接的理解就是好好学、学得好，这是老师或者长辈亲友经常勉励学生、后生径直努力的目标。好好学，在行为上就是要用功、勤奋，也包括听（老师的）话，以及对于学习内容的海绵式吸收。学得好，结果就是功课学得好，成绩考得好，名次排得好，如果是研究生，还可能有：论文发得好，工作找得好。这些都很显见并易衡量，趋之者众，竞之者勃，但我想这恐怕只能说是学生求学、学校育人、国家兴教的第一层境界。教、育与学的目标只停留在突出显性指标、短期指标、单立指标的这一层，"独上高楼"，显然是很不够的。

学好（hào）则是第二层境界。读音不同，含义亦异。这个去声的"好"字，是要从表往里走，从行往性里走，从一过、一阵往一生里走，说的是好奇的心态、好学的习惯、好问的精神，好研究问题，好挑战现状。"学"变成了人生的一"好"："知之者不如好之者"[3]的"好"，"我没有特殊的才能，我只是激情般地好奇"[4]的"好"，"好读书，不求甚解；每有会意，便欣然忘食"[5]的"好"，学习"作为一种责任、一种精神追求、一种生活方式"的好。跟我们常见的那些定量指标比起来，对这第二层境界的衡量，没那么数字化、精确化，却也不是无迹可寻——你看那好学之人眼中的光，看那好思之人沉静的神情，看那好战之人攻坚克难时"福流"沉浸的状态。教育一旦让学习者达成这种"好"的境界，不管他带走了多少在学期间的知识，他都会终身受用不尽，也就无所谓毕业或者离校了。"衣带渐宽终不悔，为伊消得人憔悴"，[6]达到这个境界，学生方可称作主动学习者、自主建构学习者、创造性学习者，学习才焕发出内生的动力，学者才不是一种职业，而是人本质中的角色之一。

第三层境界的学好（hǎo）中的"好"，与第一层境界的"好"，读音相同，意思却有差异。这里的"好"，说的是品德、修养与价值观，说的是重于"为学"的为人。普通百姓嘴里说的先生教人学好，后生跟人学好，重音要放在这个"好"字上，略微带点儿化音处理，强调的则是学习最要紧的目的——立德树人、成为君子。"德者，本也。"一个人有再多知识，有再大本领，有好学的习惯，但不理解这第三层境界，就没有了方向，没有了准绳，没有了做人的基础。"大学之道，在明明德"，蔡元培先生说"若无德，则虽体魄智力发达，适足助其为恶"，清华大学校歌[7]也说"器识其先，文艺其从""看核仁义，闻道日肥"，都在彰显价值观的培养在整个教育体系中的核心地位。这层境界，深入到教与学的最核心处。"德"该不该衡量，古今中外共识很强："要把立德树人的成效作为检验学校一切工作的根本标准。"该怎样科学、有效、公正地衡量与培植"德"，却是一道摆在教育界乃至全社会面前的开放式必答题。答不出来，即使在一段时间内付出各种努力将所谓"五唯"[8]藏匿起来，也难保其不会卷土重来；答出、答好了，德立起来了，学风、教风会为之一新，对后来者而言，仿佛"习惯之为常"。这第三层境界的"学好"，关系重大，值得"众里寻他千百度"[9]。

三层境界的"学好"，体现出从知识（knowing）、习惯（doing）

向本性（being）追求的教育理念深化，体现出育人重于育才的重要辩证法，是一个同心圆由外向内的递进。三位一体，由表及里，"然后君子"。人们谈论学霸，看到的是夺人的成绩；如果关注学痴，你就会聚焦在他忘我的状态上；说某人是君子，则不仅涉及本领与习性，更首要在意其道德。做教育，这是个基本定位的问题，这也是为什么刚刚诞生不久的清华学校，蒙梁启超先生1914年一次谆谆解析"勉为真君子"之道的演讲，定了一脉承百年的风骨信念。[10]

教人学好，务须得法。人是活的，人之好也很复杂。教人学好最忌机械化。当老师，当校长、院长，要对学生负责，要对其后的人生负责，要对"这个世界会好吗"负责。当然，他们不该也无法负全责，但要格外在乎其（有意或无心）种下的籽。无论是如何教，还是怎样做研究，以及学校这个小社会的林林总总，都对"学好"有影响，或轻或重，或直接或间接，隐显近远，皆是教育。

这就是本书作者的殚精竭虑，对于教育涉及的重要过程，都不厌其烦地去深究，也是在接受一个该如何是"好"的拷问——不仅是目的上的好，还有方法上的好；不仅是看得见的好，还有冥冥中的好；不仅是当下的好，更顾及明天的好。

学生总是信服于比较看得见的"果"。老师却畏惧"因"。凡世间人在意结果的时候，文化与价值观却并非都能以结果衡量的方式传递、彰显。这不能算是明明德之苦，却帮助我们认清并更拥抱百年树人之难。"既然不是一朝一夕能做到的，那么与这种事业最有关系的大学教育，与从事于这种教育的人，以他们的身份，势不能不超越几分现实，他们要集中注意的东西，势不能为一时一地所限制，他们所期望的成就，势不能做急功近利的要求。"[11]教育者，畏因如果，是因为果常常要百年后才及见。栽培德性，是要畏因如果的。学术研究，是要畏因如果的。治校办学，是要畏因如果的。想想前辈所说"语默作止""设或不慎"，畏因敬意油然而生。

回过头来看学好的境界之别：第一层境界便是以果为大；第二层境界有忘果之乐；第三层境界若要找到度量德之法，就要不畏果之浮云遮望眼，而从心所欲，从因来过。

教人学好，是大学问。《在明明德》，忝为序章。

| 目录 |

导言　畏因如果　教人"学好"

上篇　大学的伦理维度

下篇　大学职业伦理课程建设

大学的伦理维度

| 第一章 |

言行德范

大学育人伦理论要

杨斌

一、知·情·义[一]

　　大学对于今天的人来说已经是习惯成自然的存在，在过去 1000 年间，它是最有意义的一个创造。大学在 900 多年来的人类历史中扮演了一个慢起的角色，但在过去 100 年中扮演了一个高歌猛进的重要角色。大学的有意义性，不仅仅体现在今天大学在社会生活诸多方面所扮演的重要角色，更重要的是，大学的初心。大学初心，旨在育人。尽管今天的大学承担着越

　　[一]　原题为《大学的人性面：颠覆与祛魅》，系杨斌教授在 GES（Global Education Summit）未来教育大会上的演讲。记录稿发表于《清华大学教育研究》2017 年第 6 期，第 4 ~ 6 页。这里又根据 GES 未来教育大会微信公众号 2018 年 1 月 10 日刊发的演讲记录稿《教育如何设计，才能不让人性渐行渐冷？》进行了若干校订和修改。

来越多的使命和责任，包括科学研究、社会服务、文化创新传承以及国际合作交流，但是究其根本，大学初心只旨在育人。

大学，尤其是在中国，它的人性面如何直接影响整个社会的人性底色？中国的大学教育正从大众化走向普及化，身边随意就能看到一个大学生，或者受过大学教育的成人，这使得大学教育在人性面的表现、追求和成效直接影响整个社会的人性走向。所以说"兹事体大，不可不察"。

如果冷静地去看，经过了工业社会，可以用"高歌猛进"来描述大学教育的蓬勃发展。从另外一个角度来讲，实际情况却是大学之人性面的渐行渐冷。这个"冷"相对于大学教育人性面所需要的温暖、温度，也就构成了今天从事大学教育、研究大学教育的人所必须认真对待的一个挑战。这对于很多希望进入教育这个领域发挥作用的各界人士来说，从另外一个角度提供了非常重要的机会和可能性。

"冷"在什么地方？如果只用两个字来说明"冷"的重要动因，那就是"效率"。在工业社会极为看中尽力追求的"效率"，在大学中该以什么方式来实现？人们会发现效率导向已是大学设计、组织、运行管理的不二法则。为什么以这样的方式来设计学系，以这样的方式来组织班级，以这样的方式来传授课程，最后的答案是：效率。于是，教育组织越来越体现出对工业组织来说非常重要的组织属性，这极大地保障了它的效率，但也使大学的人性面渐行渐冷。

大学的人性面因其隐形、难以衡量，而难以管理。有时候很有趣，一件事情要不要追求它，要看它能否被数据化。不能被数据化则意味着管理难度增大，也因此容易被忽略，很难站到舞台的中央。在知识、能力、价值诸多大学所追求的成效当中，哪一个最抓得住？哪一个最可定量地衡量？哪一个最可转化为商品进行交换？答案是不言而喻的，是知识，是可以定量化的知识点。课程成了知识交换的单位，学分成了知识交换的基本量。所以，唯知识传授所具有的商业价值和商品价值也使那些不能被衡量、难以被评价的人性面有了渐行渐冷的可能。[1]再来看看教师。今天的大学教师将自己更多地看作专业人士或者专业分子，较少地审视自己在道德上应该扮演什么样的角色，实际上他们更应该是一个道德上的楷模（moral role model）。

其实，如果说透了，大学的人性面并不复杂。它依赖于人与人的有机互动、交情交心。交情、交心，而非交道、交代，是大学人性面当中的基本状态、载体。如果用最简单的描述来说，就是人性触达（human touch）、高感性触达（high touch），这是大学人性面的基本呈现。所以，当听到"课程讲授"（course delivery）这个词时，不知道听者能否在这个词当中体会到交情、交心？事实是没有。所以高科技（high tech）仿佛就是今天教育找到的一个有百利而无一弊的解决方案、加速器。但我们真正要反思的恰是这些"高科技"——小到用

PPT 来传授更为复杂的并非只存在逻辑关系的知识，大到用慕课（MOOC）来单方向地传授整个课程乃至授予学位，这些"高科技""接管"下的教育，究竟是在促进着高感性人性面的增益，还是在削弱着、无视着它的必须？我经常和同事以及学生分享，"师如何教，亦师所教"（how we teach is also what we teach），今天我想把它强化一点，叫"师如何教，重于师所教"（how we teach is more important than what we teach）。在人工智能时代就要到来的时候或者人工智能时代，爱因斯坦的这句话经常被人们引用："所谓教育是那些你将知识都遗忘之后，还剩下来的东西。"如果是这样的话，那我想说"师如何教，绝甚于其所教"（how we teach definitely is more important than what we teach）。

目前以慕课为代表的，或者以课程为核心的诸多高科技助力下的教育模式，清醒一点地说，其传播的单向性、内容的标准化和中间的明星教师更加不可挑战。这些到底是在促进着高感性触达的人性面，丰富着它的人性面，还是削弱着人性面？这是教育技术创新者及引领者应该认真思考的问题。

大学的人性面中还包含着很多人性当中原本在少数人身上呈现出来的品质、品格、品性，希望能在更多人身上显现出来。比如，英语里这些带"ship"后缀的词：领导力（leadership）、企业家精神（entrepreneurship）、工匠精神（craftsmanship）、运动员精神（sportsmanship），现在已经与原本的那些角色分离开，而抽象成为人性中间非常高贵、非常闪烁的光辉，并希望进到每个人的日常生活当中的那些东西。大学以什么方式来对待这些东西呢？

弥补这些东西的缺失，加强这些东西最常用的一种方式居然是开设课程，获得学分。这就蛮有趣，人性面的养成，最后却经常被课程化或者学分化，以此作为解决方案。如果不能以课程的方式实现，仿佛这个东西在大学教育当中就失去了立足或者立锥之地。

实际上，"育课处即育人"，课可以被工业化或者工业品化，而大学的人性面强烈地依赖于那些课，你可以把这看作批评，我也把这看作一种需求。事实上，对今天很多希望在教育领域当中借助技术手段等创新方式来共同做育人工作的各界人士来说，这方面的空间巨大。

大学的人性面来自人与人之间，特别是其中师生之间有温度、有质量的互动。"有机时间"（quality time），这个字眼应当被特别提出来，教师向学生传授知识、讲授课程并与一大堆人互动，很难称为师生之间的"有机时间"。人们常说，"那位穿红衣服的女生"，或者"刚才说话的那位男生"，每一个这样的称呼和表达中，其实都存在着人性面的一些折损。

想一想怎么能真正让一个人发生变化？如果在大学当中想要一个人发生变化，就一定需要让他有一些"关键时刻"

（moment of truth）。这是第二个要被特别提出的字眼。在那些时刻，我们不知道为什么，机缘巧合使一个学生顿悟了。这个学生从此也就再不可能回到过去的他。很难想象这种时刻会出现在一些课程讲授（course delivery）当中。每当我说到这个词，仿佛自己是一个报童（delivery boy）、一个快递员而不是一个教师。梅贻琦先生说，"所谓大学者，有大师之谓也。"而今天如果让我在大师前面再加上定语的话，那得是可触摸到的大师，而不是花名册上的大师，不是在学校工资册上的大师。以什么样的方式跟学生展开有温度、有质量的互动，这才是衡量某人算不算学校当中的大师的标准。

如今，教师申请到一所大学当中任教，他在多大程度上会被衡量是否堪为世范呢？事实上，我们不得不承认，今天的大学引进师资时，对其专业性、学术性的考量远重于对其能否作为道德楷模的考量。然而，作为社会习得（social learning）的一种表现，18 ~ 22 岁的学生对老师见样学样是再自然不过的事。如果此时老师所传授的知识与他作为人的行为和品格相悖，那么实际上等于老师天天在对学生进行一种反教育。

从更广义的角度来讲，对大学教育的产出，人性面能够做出非常重要的贡献，抛开那些内容的传递，想一想大学当中所缔结的社会关系，所以人们爱说大学要成才。而我更想说，大学对学生个体来说，是成人的必经之路。不过，学生从大学带走的还应该有一样宝贝，那就是成群。问题是大学以什么样的方式促进这个共同体的建设（community building），甚至在学生离开学校之后，还以非常重要的方式经营着这个共同体，对学生来说，这个共同体不仅是他终身学习，也是他终身成长和发展的支柱。今天的大学教育设计，太多的在于课程设计和培养方案设计，太不足的在于其中非课程部分的设计和实施。而如果从教育创新、技术对于教育的推动来说，就当呼唤：要有更多的热心者（哪怕是觉得这一方面有很重要的商业上的可能性，也很好），愿意对于非课程的育人进行一些有意义的探索和尝试。这方面难以衡量、难以管理，但这不该成为阻碍创新的理由。有太多的教育创新，特别是商业和技术驱动下的教育创新，多数集中在以课程为主的这部分。而非课程的部分的教育，机会极大，空间极大，在长远来看，价值也极大。

人性面作为教育成效重要的部分，还呼唤大学当中除了以学科为分类的教师（现在我们已经习惯了）和维护行政正常运行的职员之外的许多人，在学生的发展方面发挥非常重要的作用。我们现在不知道他们叫什么名字，但我相信，他们应该是非常重要并得到认证的专业人士。

在大学当中提高学生的领导力，提高他们的全球胜任力，这些东西恐怕不能归为某个学科的教师的责任，当然也不是职员在行政工作当中能够完成的。那谁来做这件事情？我的预判是，将来大学当中会更需要这样的专业教练（professional coach）。

大学的人性面，如果要让我看看它能不能被衡量，我想"心忧炭贱愿天寒"是一个检验器。接受过中国中学教育的学生都知道这句话。以学科划分，经济学家会让学生注意这中间描述的供需关系所造成的价格波动，社会学家会让学生体会社会的分层所产生的社会影响，伦理学者也许会让学生意识到这当中蕴含的是一位卖炭翁的情感。大学，有责任帮助她的学生从一个正常人的角度，去体悟这句话当中所包含的那种打动人心、触碰人性的成分。这是任何知识都取代不了的。在这方面，大学不应该放弃。

二、心·德·范[⊖]

在我国研究生教育进入向服务于需求、提高质量的内涵式发展转型的关键时期，思考研究生导师的责任与使命、辨析师生间"导"与"学"的关系至关重要。

众所周知，研究生阶段教育培养的是高层次创新人才，导师具有指导研究生的资格与责任，是他们锤炼品格、学习知识、创新思维、奉献祖国的重要引路人。研究生往往慕名拜师门下，随其左右，共同度过一段相当长时间的学术生涯。这种导学关系较一般意义上的师生关系更为密切。导师的才学、品

⊖　原系杨斌教授所作《做合格导师需从心从德从范》，发表于《人民日报》2017 年 4 月 20 日第 17 版，有补充。

性、价值观等都会在日常的生活与学习中影响学生，由表及里，从近至远。可以说，研究生导师的作用发挥如何，直接关系到最高层次高等教育的成败。

习近平总书记在全国高校思想政治工作会议上对高校教师明确提出"四个统一"，即坚持教书和育人相统一、坚持言传和身教相统一、坚持潜心问道和关注社会相统一、坚持学术自由和学术规范相统一。研究生导师应充分认识"四个统一"的重要性，珍惜导师荣誉、捍卫职业尊严、提升师德境界。

先说"教书和育人相统一"。与普通教师不同，研究生导师工作的意义在于"导"，指导、引导，正是因为这一特点，"教书和育人相统一"就成为对研究生导师天然的内生要求。导师的特性决定了研究生导师的"教书"有更为广泛的内涵：是不是通过"教"，让研究生真正对学术和科研产生了兴趣，有了发现问题的慧眼、解决问题的本事、探索创新的勇气；是不是通过"教"，让研究生变得更加自信、富有朝气；是不是通过"教"，导师也获得了有效的滋养，使导师的价值感更为强烈。"育"则是贯穿始终的过程，是充满爱的艺术。研究生导师应常常自问育人的初心是什么，只有铭记初心，才不至于忘了为什么出发，才不会在教学上陷入教育的程式化和功利化。因此，要想做到"教书和育人相统一"，研究生导师就要不忘初心、不断提高修养、端正品行、拓展格局。

再说"言传和身教相统一"。师者，传道、授业、解惑，无一不靠言传，言传的精当有效、入木三分，需要导师长时间修炼内功。同时，对研究生导师来说，身教比言传更为重要。学高为师，身正为范。要想获得学生的认可和尊重，让学生发自内心去敬仰与追随，研究生导师必须在方方面面为学生做出表率，做到知行合一。特别要说的是，身教除了传统意义上的身体力行，还包含大量隐性知识，如科学精神、创新文化、学者底蕴等，这些都要靠"相濡以沫"，靠导师与学生朝夕相处，使导师的思想、学问、精神、作风不断在学生身上渗透、积累，并随着时间的推移沉淀下来。我们看到很多学术界一脉相承并被后辈学人继承发扬的典范莫不是言传身教统一的结果。

再看"坚持潜心问道和关注社会相统一"。如果说前两个统一是对为师者普遍意义上的要求，那么后两个统一则进一步为研究生导师进行学术研究与学术指导提供了规范与指引。"潜心"，即专一而深沉，学术的道路是用寂寞和执着铺就的。"问道"，说的是学术研究的驱动力问题，是学术研究要做到学者内心的渴望和外部社会需求相统一，将突破学术圈内的专业难点和破解社会难题相统一，将学术创新的内在要求与国家所面临的创新紧迫性相统一。当前中国有很多深层次的矛盾问题亟待解决，闭门造车、纸上谈兵的科学研究没有任何意义，科学研究应该起而行之，研究生导师无论在自身的学术研究中，还是在指导学生的教学实践中，都应该发扬理论联系实际的优良作风，立足中国、密切关注社会，用创新的精神和能力，有勇气去挑战并解决问题，让研究和实践相互促进，为中国特色社会主义事业贡献力量。

最后说说"坚持学术自由和学术规范相统一"。学术研究需要宽松自由的环境，但学术自由不是无限制的自由，须在恪守学术规范的前提之下。从另一个意义上讲，学术本身追求推陈出新，要做到出"新"首先就要明确"陈"的边界在哪里，这也是学术规范对于创新的意义所在，"学术规范的调节作用培育了能够结出创新果实的土壤"。没有规范的存在，自由便失去了前提，"人们的创新便失去了保障"。研究生导师从事学术活动，应建立在学术自由与学术规范两大基础之上，这既是对自身的基本要求，也是对所指导的学生的行为示范。

三、教·育·学[一]

在与许多教育同道、教学同好交流时，关于深化教育理念、提升教学能力、更好地促进学生成长发展，我常从四句话谈起：

How we teach is also what we teach.

一 本节脱胎于杨斌教授为《如何学习》（*How We Learn*）中文版所作序言，此处做了一些扩充、改动。本尼迪克特·凯里. 如何学习 [M]. 王冰，译. 杭州：浙江人民出版社，2017.

How they learn is also what they learn.

How they live is also what they learn.

How they learn is also what we need to learn.

为什么是英文句子，因为第一句是我当初学习哈佛案例教学法时听教授说的英文，后来我也一直将之用在我的各种课程大纲的理念篇中，再后来我反复琢磨，就凑出了四句。如果要说成中文，并刻意区分出其中的"师"和"生"来（其实并不必须是学校中的师生角色，甚至不必是师生角色），那就是：

师如何教，亦师所教；

生如何学，亦生所学；

生如何活，生学良多；

生如何学，亦师应学。

第一句说的是，教师在课堂教学活动中，内容之外、知识之上、过程之中，"身教"所体现出、传递的价值，包括教学组织，是独角戏、单向还是大家都有机会参与、贡献，是我出题你回答、真理尽在我掌握，还是开放探索、共同创造，是鼓励团队的形成与共赢，还是激赏明星无视大众，其中都内嵌着品格、价值观和能力因素。

第二句则是说，学生要进行二阶学习，从知识反刍升华为方法论和框架体系；毕业生做了科学研究论文，其实也应该再做一个关于科学之道的反思与总结；学生学了一门功课，耗费了一个学年甚至全部学程，要让自己"打鱼"的直接经验上升为独门"渔经"或者"打鱼心经"，教师要帮学生成长为一个擅长打鱼、热爱打鱼的渔者，而不是一个承载着知识的容器（学生可不是那个晚上回来鱼满舱的舱啊）。这个区分，怎么强调都不过分，也反映出对于学校教育本质的理解上的层次差别（猎枪而非只是干粮，或干粮、猎枪而到猎人）。知之者不如好之者，好之者不如乐之者，对学习而言，"之"不是具体学到的知识，而是学习本身，是能学更爱学并沉浸于学之福流的意思。

第三句强调，校园生活（以及基础教育阶段的家庭生活）、非课程环节对学生发展的不可估量的积极作用，育人不能分割德智体美劳，教育更要统合校内外、课内外。在好的教育项目、院校体系设计中，不仅要有先进的培养方案、课程体系，更要有与之同频共振的共同课程（co-curricular）和课外课程（extra-curricular）的设计。显性课程和隐性课程之间要融合形成某种"拧麻花"的艺术，这部分的核心是"育"。教师如果能信手拈来学生正遇见、正纠结的生活中的素材为课堂教学所用，课后的活动如果能够延续课程中所学并活用之，就会构成更完整且有力量，也更润泽成长的教育体验。

与"生如何活"有关的"育"，虽然没有课表作为依循，却也有其关键线索，是三个"C"打头的关键词：一个是从教育者的视角，如何把握时机发挥催化（catalyze）作用，这个词有魔性，老让我想起巴西作家保罗·柯艾略的奇幻旅行，显然也把握住了育人定要发生化学反应的"神秘"本质；第二个词是栽培（cultivate），我想起了《小王子》里在玫瑰身上发生的驯化（tame）（法文叫作 apprivoiser），中文把"cultivate"叫作树人或者栽培，把"tame"译成驯化，总觉得多了种也许不该有的居高临下感，少了一些必会在其中的欢喜与甘愿；第三个词是熔炉（crucible），熔炉经历对于人的成长发展至关重要，如赫胥黎所说"经历并不是你遇到了什么，而是你如何对待它"。"育"当然希望育成，学生也完全可能在离开学校时仍然没有破茧，但总得经过这一关。

　　第四句则描述了我的一个观察，那就是对于学习者、学习过程、学习成效、学习心理与行为等诸多"生如何学"的学问，教师没有过系统性地准备、训练和提升，而只是靠自己过去作为学生的经验来估摸今天的学生，或是靠在工作中的摸爬滚打、日积月累换来经验（和教训）。对教师来说，这相当于"不成功便沉沦"（sink or swim），靠单个教师的悟性和运气，一旦解决得不好，对师与生都会造成很长时间的很大面积的心理阴影。学校必须高度重视这个问题，并拿出有效的办法来系统解决它。需要全覆盖的培训提高，或指派有经验的教师做一对一、手把手的辅导，但也需要教师以初学者的身份认真地补充跟学生的学习和成长有关的知识基础、理念框架，这种知识和理念应当有一定的体系，并与所在院校和环境吻合。

　　实事求是地说，今天努力去做一名对学生的为人为学产生重要影响的好教师，教一门学生人到中年后回味、认可的好课，除了在本学科领域尖端钻研拿到博士学位、取得教师资格之外，也许还真得"兼修"一个"学习科学"的硕士学位（有无学位再说，真知灼见须有），这该是教师入职入门的必修应会。许多我们头脑中想当然的关于学习的大路认识、感性经验，真是经不起证据、科学的推敲，要想不"误人子弟"，我们要反躬自省、学习"学习"。

这四句话，说的是更广义的教、育、学，不仅"教"外有"育"，"教"中也有"育"；"学"不仅来自"教"，"学"也来自"学"本身；学生不仅受教育于师，更受益于育，受益于富含着育的生活；当老师，办学校，做好一个知识工作者，经营好一个知识型组织，需要理解：不只学科意义上的专业才是知识，教、育、学本身就是大知识、大专业、大学问。教、育、学共平衡、同促进，会让校园中的人都成为主体，校园中的经历都是在学习，不仅目的地（学分、毕业）标志着长进，过程（journey）中更是收获满满、成长多多。

所以，面向未来，老师要将教、育、学融会贯通，扮演好教师（teacher）、导师（mentor）、学伴（co-learner）等角色；学校要统筹建构教、育、学，成为学生求知的殿堂、成长的熔炉、创造的沃土。

| 第二章 |

师责辨难

大学教学伦理论要[一]

杨斌　姜朋

　　无论是古人强调的"传道、授业、解惑"的师责目标,[1]还是现代大学讲求的"价值塑造、能力培养和知识传授"的育人使命,在很大程度上都有赖于师生面对面的教学活动来实现。换言之,教学其实也要履行"传道""价值塑造"的职能,[2]因而在有关教学的讨论中理应包括教学伦理的话题。鉴于此,本章将以大学课堂教育[3]为背景,厘清教学伦理概念,并对教师在大学课堂教学环节中面临的若干教学伦理问题加以辨析。

一、教学伦理的概念

　　1985 年,美国学者肯尼斯·A. 斯特赖克(Kenneth A.

[一]　原载于《清华大学教育研究》2019 年第 5 期,第 1 ~ 10 页。

Strike）与乔纳斯·F. 索尔蒂斯（Jonas F. Soltis）合作出版了《教学伦理》（*The Ethics of Teaching*）一书。2007 年，该书的中文版出版[4]。据学者统计，1979 ~ 2008 年，我国仅有 20 余篇有关教学伦理的论文，外加两部著作。[5] 2008 年以后，相关研究明显增多。利用知网，以"教学伦理"为关键词进行检索，至少可以得到百余篇文献。然而，就像在讨论"伦理学"时会遭遇"不可通约性"问题一样，关于何为教学伦理，也众说纷纭。归纳起来，大致有以下一些具有代表性的定义进路。

（一）本体论伦理学解释进路

有学者认为："教学伦理是一种伦理学在教学领域内的延伸，会涉及善的、好的、抽象的法、道德、原则、传统、习俗、心灵、情感、理智、自由、意志、爱与幸福等方面的内容。"[6]

不过，毕竟涉及"教学"这样一个实践话题，因此相关教学伦理的定义也就不能决然抱定本体论解释立场，而无视应用层面。因而很多学者的界定其实是折中的。如有学者认为，"教学伦理，是发生在教学活动中，以师生互动为基础，指向个体生命成长的道德意蕴和价值取向。教学公平、教学幸福及教学成效等是当下教学伦理的关键话题。"[7] 也有学者主张，"教学伦理是教学的一种品性，教学本身应当是合道德性的""教学伦理应当是本体伦理和应用伦理的统一，是教学的善和善的教学的统一"。[8]

（二）规范伦理学解释进路

采取规范伦理学解释进路的学者大多秉持教学伦理是规范教学行为的伦理规范，即属于规范伦理学的范畴的立场。比如，他们认为教学伦理"隶属规范伦理学范畴，其重心在于研究和确立教师在教学过程中所采取行为方式的道德性，倾向于厘清教师怎么教才是符合道德、好的教学行为"[9]。"大学教学伦理所要解决的是在大学教学过程中存在的道德冲突，它是一种区别于其他专业伦理的特殊专业伦理，它规范和指引着大学教师的教学活动。"[10] "大学教学伦理既与教育伦理和教师伦理密切相关，又与之不完全等同，具有自身的本质、特征与构建原则。"[11] 也有学者认为，"教学伦理是指内化的应然价值，能够作为教学行为、教学目的的指引"[12]。或者更直白地表述为"教学伦理是指教师在教学过程中处理师生关系所必须遵循的准则、原则和规定"。这一学派的学者认为教学伦理涉及教师的教学职责、教学公正、教学良心等话题。[13] 相应地，"教学伦理规范是人们在教学实践中调整人们之间利益关系，以及判断行为是非、善恶的标准"。其中的利益关系包括了事业关系、师生关系、同事关系等。[14]

与此相关，也有研究者特别强调了教学伦理缺失或失范的情况。如在讨论小学教育时，有人认为"教学伦理缺失问题在实践中长期存在，主要表现为课程计划被压缩，教学目标被简化，教学过程被过度控制，教学评价单维且僵化，冷暴力教学话语存在"[15]。但其将此归因于应试教育和教学专业伦理研究的滞后，则有待商榷。

（三）应用伦理学解释进路

采取应用伦理学解释进路的学者大多强调教学伦理是对教学环节的审视和追问。比如，"教学的有效性和伦理性是互动和共生的，教学越要追求有效性，就越要突显其伦理性。"[16]"教学中的一切要素和行为都可视为教学伦理事实。教学伦理研究就是对这些教学伦理事实不断地进行澄明、反思和批判。"[17]

在此进路下，有学者属意于探讨何为"好""善"的教学。"伦理，说得简单一点，就是关系；教学伦理就是要建构一种善的师生关系，讨论课堂教学伦理其实就是要讨论课堂中的师生关系以一种什么样的方式存在才是合理的，才是善的。"[18]"好教学不仅应该以道德教育为目的，即教学要促进学生的道德发展，也要促进教师的道德发展，而且应该确保教学本身是合伦理的。从师生关系的角度看，好教学应该是遵循人道、恪守平等、尊重自由的教学。教学的人道、平等与自由原则构成了一个诠释循环。人道意味着师生都具有平等的尊严与价值，由此便可推导出师生'平等'的原则。而师生人道原则的先决条件在于有自主性的、自由的主体。"[19]

可以看出，虽然上述定义存在差异，但综合起来，它们还是具有一些明显的共通之处的。比如，承认伦理与教学的共生性。而教学的伦理性的获得与其自身存在的关系情境存在密切关联。受其启发，笔者认为，教学伦理并非简单地管束、规范和指引个体教师的具体教学行为的外在规范，而是着眼于关系（涉及师生、生生、师师，以及教师与所在教育机构等）范畴。讨论教学伦理的价值在于提醒和推动教师群体思考：在教学互动的职业场景下，教师、学生所处的地位、应发挥的作用，如何正确处理教师与学生的关系、教与学的关系，合适的教学方法、教学手段的判断与选择标准，以及教学环节之于人才培养的影响和作用等问题。同时，相关思考和讨论也将为回应诸如"何为负责任的大学课堂教学"的问题，提供自我评价和第三方评价的标准。[20]

这一界定要求将教学伦理和教学纪律、通常意义上的师德区分开来。虽然教学纪律也与课堂教学相关，却是一种外在的强制规范，不必然属于伦理范畴。[21]师德的问题稍微复杂一些，但也不难解释。在非严格的意义上，道德和伦理往往可以替换使用。不过，如果细究起来，二词还是存在差别的。

西方伦理学的词源学研究表明……ethics（在古希腊文中为"ethikee"）源于"ethos"，后者在希腊文中带有某种社会恒定的普遍精神气质的意义，而"morals"一词源自拉丁文"mos"，后者的含义近于现代英文"custom"，即中文"习俗"。

据马丁·海德格尔（Martin Heidegger）考证，"ethos"这个词最早由古希腊人赫拉克利特提出，其本来的含义是"居留""住所"，被用来指谓人居住其中的敞开的场所。这个场所让人成为他所"是"，即让人来到"在中"，同时"在"也得到澄明，成为"在场的"。近代，经康德、黑格尔的伦理学理论化之后，人们在使用"morals"一词时偏向于指谓个人的行为美德或个体道德，"ethics"则偏向于指谓社会的普遍道德及义理化的社会普遍道德准则。[22]

西班牙学者费尔南多·萨尔瓦多也指出：

从语源学上来看，"道德"一词同"习惯"（moral）有关，因为它正是拉丁语中"习惯"（mores）所指的；它还同"命令"有关，因为大部分道德规范都在说"你应该做这件事"或"那样做你想都不要想"……尽管我会把"道德"和"伦理"等同使用，但从专业角度看（请原谅我又要掉书袋拿教师腔了），它们的含义并不相同。"道德"是一个你、我、周围人通常认为有效而接受的行为与规则的总和，"伦理"则是对"为什么"我们认为其有效的反思和对不同人所持的"道德"进行的比较。[23]

循此思路，也可以将教师职业伦理与教师职业道德区分开来。

首先，教师职业伦理和职业道德都是自律而非他律的，即不以预设外部强制甚至惩戒措施为前提。这是它们与职业纪律明显不同之处。

其次，职业伦理更关注职业生活中的关系范畴。[24] 具体到教育领域，教师职业伦理（或教育伦理）是关于教师与受教育者（学生）的一组关系范畴，其包含诸如"如何做才算是尽到了教师对学生的职责""什么是教师的本分"之类开放性的话题。职业道德则是从事一定职业的人在其特定工作中的行为规范。[25] 不仅如此，职业道德（包括教师职业道德）更多时候表现为高标准（而非底线）。何怀宏教授很早就指出："无论在东方还是西方的传统的等级社会中，'贵人行为理应高尚'，'君子之德风，小人之德草'，道德具有一种少数精英的性质，广大社会下层的'道德'与其说是道德，不如说是一种被动的风俗教化。"[26]

已有学者明确指出："一般伦理学和教师职业道德替代不了教学伦理学""教师职业道德虽涉及教学伦理却替代不了教学伦理学"。[27] 通常意义上的师德，或说教师职业道德，往往倡导爱岗敬业、无私奉献等从业者应当或值得追求的职业理想，其同时也常常会推介、宣传一些道德楷模事迹，以激励从业者学习，因而其虽然同样需要靠当事人主动践行，但所提示的是相对较高的道德标准。

二、大学教学伦理现实问题枚举

在厘清了教学伦理的概念之后，接下来列举并分析一些大学课堂教学中存在的伦理问题。

（一）言与行：教育的两种手段

"言传身教""吐辞为经，举足为法""行高为师，身正为范"等成语说明，社会对教师寄予厚望，希冀其能充当道德楷模，在价值、品性层面对学生加以引领。事实上，有效的教育也确实需要靠教师的言与行来落实。可以说，教师在学生面前的一言一行都是教育的有机组成部分。[28] 言行不符，显然难称世范。在课堂成为学生与教师接触的主要场所的情况下，学生通常是在课堂上了解某一位教师的，听其言、知其意，观其行、品其道。

当教师的言与行可以同时充当教育手段时，言行不一不仅会害及教师个人的形象，也会使相关的教育效果大打折扣，甚至完全失效。这方面，《墨子·非儒下》提供了一个有趣的例证。

孔某穷于蔡、陈之间，藜羹不糁。十日，子路为享豚，孔某不问肉之所由来而食；号［褫］人衣以酤酒，孔某不问酒之所由来而饮。哀公迎孔子，席不端弗坐，割不正弗食。子路进请曰："何其与陈、蔡反也？"孔某曰："来，吾语女：曩与女为苟生，今与女为苟义。"夫饥约，则不辞妄取以活身；赢鲍，则伪行以自饰。污邪诈伪，孰大于此？[29]

大意是，孔子周游列国时，受困于陈蔡之间。啼饥号寒之际，学生设法弄来酒肉，孔子不问来路欣然接受。后来情况好转了，孔子又讲究起就座、饮食方面的礼节来。子路不解，问其缘故。孔子回答说：今非昔比，当年我们是为了求生，而今是为了求义。其中提到的"割不正，不食"的话，可见于《论语·乡党》：

食不厌精，脍不厌细。食饐而餲，鱼馁而肉败，不食。色恶，不食。臭恶，不食。失饪，不食。不时，不食。割不正，不食。不得其酱，不食。肉虽多，不使胜食气。惟酒无量，不及乱。沽酒市脯不食。不撤姜食，不多食。[30]

《墨子》这则故事的真伪姑且不论，仅就该叙事本身而言，其价值在于通过对一位说一套、做一套的教师形象的刻画，提示了教师在教育学生时言行一致的重要性。如该篇结尾所说："夫为弟子后生，其师必修其言，法其行，力不足、知弗及而后已。今孔某之行如此，儒士则可以疑矣！"[31]

当然，教师所肩负的育人责任远不止言行一致这么简单，甚至可以说"师如何教，亦师所教"（how we teach is also what we teach）。[32]教师上课如何着装，是否迟到早退，是否在课上使用手机，其注意力如何分配（是仅仅关注课堂上的几个人，还是能照顾到大多数甚至全部学生），如何举例，如何使用称谓，如何评价同事、学生，如何评价自己（谦虚还是吹嘘），如何做承诺……都会对教育效果产生潜移默化的，当然也是实质的影响。

（二）显与隐：教师立场、观点的表达

教师应当言行一致，是否就意味着在课堂教学环节中一定要"本色出演"呢？对这个问题的回答需要考虑具体情境。

以课堂讨论为例，虽然韩愈也说过"师不必贤于弟子，弟子不必不如师"[33]，但通常情况下，教师都比学生在知识储备方面更具优势。除了学习内容上的信息不对称外，师生之间还存在"高权力距离"，由此导致客观上存在教师主动、主导及学生被动、从属的现象。学生容易潜意识地揣摩、测度、迎合教师的立场和观点。此时，掌握主导权和话语权的教师如果过早提及自己的想法，就会给学生存在标准答案的暗示，妨碍学生自由表达自己的真实想法，甚至容易出现一边倒的局面，使讨论的效果大打折扣。相反，如果教师能有意识地掩饰自己的立场和倾向性意见，以中立的形象出场，引导持不同观点的学生各抒己见、提供理由、彼此辩驳，就能够有效减少学生"顺杆爬"的现象。所以克制揠苗助长的冲动，努力因势利导，力求水到渠成，应该是教师的基本修为。这也正是《礼记·学记》

上说的："道而弗牵，强而弗抑，开而弗达。道而弗牵则和，强而弗抑则易，开而弗达则思。"

更进一步，在采用苏格拉底教学法的课堂上，虚置教师立场是相当基础和普遍的教学手段。

苏格拉底是一个提问者。他不会直接发表他的意见、结论或信条，而只会向我们提出问题，并且激励我们去深思熟虑、改变观点，甚至取得惊人的发现。无论是在思考勇敢和智慧的本质时，还是在探讨导致机构腐败的原因时，他都会运用这种"方法"来分析每件事情。只有以苏格拉底为师，我们才能通过正确的提问来审视我们的生活、社会和机构。[34]

这种教学法包含了两个前提，一是承认提问者存在无知状态，二是承认被追问者对若干问题有知识储备。整个讨论会帮助被追问者夯实已有知识、逐步廓清其知识边界，同时也会使其对未知领域保有相当程度的敬畏，因而非常适合那些不预设标准答案的、偏重软技能培养的课程。有效地进行开放式讨论的前提则是教师于此间始终虚置自己的立场和观点。

值得注意的是，在课堂教学中有意识地虚置教师个人立场和观点，并不能被简单地解读为"以学生为中心"或"以学生为本"。课堂教学究竟该以教师为中心，还是以学生为中心？这个问题并不容易回答。对此，有学者指出：

主体性集中体现在关系中的能动性、自主性、主动性、创造性等方面，其中自主性是主体的最主要特征。

学生与教师是截然不同的个体，教师不能够以"我"同化对方，"感同身受"是不合法的，是一种暴力，为了避免"我"对他者施暴，"我"要以绝对服从的姿态去对待他者……"我"为了避免对他者的暴力，"我"万事皆被动地听从他者安排，那么"我"的主体性从何体现？[35]

在教师仍实然地或应然地居于课堂中心的情况下，由教师自觉主动地掩饰、虚置自己的立场与观点，无疑有助于绕过上述二中选一的难题。

（三）满与空：教师讲授的限度

不过，除却立场与观点，还有很多课程涉及"硬核"的知识。那么，教师应该如何进行此类知识的传授（授业）？

童话《老虎学艺》讲述了一个教会了学生的师傅差点被学生反噬的故事，大抵提示了俗语所说"教会徒弟饿死师傅"的风险，以及教师"留一手"的必要性。但这样的观念和做法放在大学课堂教学中，真的就是对的吗？

如果说这种拘泥、保留的观念和做法会导致"一代不如一代"的后果的话，那么代之以教师"知无不言，言无不尽""竹筒倒豆子""大水漫灌"，让学生做无目的选择的教学模式，是否就好呢？勒巴伦·布里格斯（LeBaron Russell Briggs）曾提出："提高教学质量的唯一途径是向学生传授他们应该掌握的知识，而不是由着教授的兴趣进行教学。"[36] 很明显，其对"大水漫灌"式的教学提出了批评。但对于什么是学生"应该掌握的知识"，哪些课程可以满足这一要求，应该由谁、按照什么标准遴选这些知识，却仍然存在疑问。让学生从教师的讲授中各取所需的设想也可能是失败的，因其忽略了学生基础背景和接受能力上的差异，效果未必理想。1869 年，刚出任哈佛大学校长的查尔斯·威廉·埃里奥特即指出了讲座制（即讲授制）的问题："讲座制通常在白白浪费精力，教师在不遗余力地把知识注入一个筛子，但知识从一头流进，又从另一头流出，学生的大脑只有工作起来才能得到锻炼。"[37] 其实，无论是"留一手"还是"倒豆子"式的教学，都暗含了教师主动传授知识、学生被动接受的隐性前提，而未曾关注学生的自主学习能力及学习效果。

那么，着眼于学生的学习结果，强调教师须根据学生的个体特点进行调整，因材施教，并且力求"包教包会"呢？分析起来，这种教学方式固然关注了学生的学习效果，但仍然保留了"知识单向传递"的预设，并未改变"教师主动传授，学生被动接受"的基本教学模式。

古语讲"授人以鱼不如授人以渔"，那么是该无私地对学生"倾囊相授"，还是应该只给学生"喂"半饱，让其保持某种"饥饿感",以便自己去"找食吃"?显然,后一种教学方式更看重学生的自主学习能力,但其有效性需要建立在学生拥有一定的自学能力的基础上。哈瑞·刘易斯指出,如果"没有教科书,教师所知并不比学生多,学生则可以随性地阅读,然后交流各自的读书心得。没有比这更好的教学活动了。学生们就像一只只兔子,在陈旧社会的土地上挖出一个个洞穴,没有任何困难能阻止他们"[38]。

以上几种情形,虽然反差明显,却都指向了一个教学伦理的问题,即教师在课堂教学中如何把握讲授的"度"?事实上,这个问题并不存在标准答案。这也恰恰反映了教学伦理迷人的思辨、开放的一面。对此类问题的思考和讨论,需要回归到教学的本源:教学是为了什么?是为了教而教,还是为了学而教?是为了让学生在短时间内迅速学到知识点,还是在传授知识点的同时更要帮助其培养学习兴趣,增强学习能力?

约翰·纽曼(John Henry Newman)在《大学的理念》(*The Idea of a University*)一书中写道:

先生们,如果……硬要我在以下两种所谓的大学当中做出选择……一种大学拥有宿舍和导师监督制度,给每一个通过了许多科目考试的人授予学位,而另一种大学没有教授也没有考试,只是把许多青年人汇集在一起3～4年,然后打发他们离开……我会毫不犹豫地把优先票投给那种无所作为的大学……

当一大群青年人，敏锐、开放、富有同情心、善于观察（青年人就是这样），来到了一起，并且自由地相互交流，他们肯定就会彼此学习，即使没有一个人来教他们；所有的交谈就是对每一个人的一系列讲座，日复一日地从他们自己那里得到了种种新的观念和观点、新的思想材料、独特的判断原则和行动原则……这种效果就其本身而言，完全可以称为一种心智的扩展。这是在一个较小的范围内，以很容易的方式来看世界。因为学生们来自许多不同的地方，带着许多不同的观念，所以在这个过程中，有许多东西值得概括，有许多东西有待适应，有许多东西需要消除，还有许多内部关系需要确定，有许多习惯规则需要建立。凭借这个过程，整个集体就得到了塑造，并且获得了某种基调和某种特征。[39]

这段话提示了学生自我学习的重要性和可能性。同时，也提示了大学的课堂教学应当为学生容留自主学习的空间的必要性。《老子》中讲："三十辐共一毂，当其无，有车之用。埏埴以为器，当其无，有器之用。凿户牖以为室，当其无，有室之用。故有之以为利，无之以为用。"这说的正是留白的道理。梅贻琦校长在就职演说中谈道："我们的知识，固有赖于教授的教导指点，就是我们的精神修养，亦全赖有教授的inspiration。"[40] 既然大学教师的任务是"指点""激发"，就不应该点到即止，要让学生掌握原理而后能够举一反三、触类旁通。相反，教师像亲鸟一口一口喂食雏鸟那样，讲授内容事无巨细，满堂灌输，大包大揽、包办代替，显然无助于学生学习能力和创造性的提升。如果教师的积极主动、知无不言，换来的却是学生的不积极和不主动，使其在知识获取方面滋生了"等、靠、要"的怠惰和依赖心理，而不会或不愿主动探究，甚至害及学生继续学习下去的兴趣，那么上述教师的积极、作为就不如不积极、不作为。

俗语讲，"师傅领进门，修行靠个人"。入门和进一步深造是学习的两重境界。于后者，学习的主动权更多地掌握在学生手中，教师无法越俎代庖；于前者，教师固然可以主动作为，但也需要把握尺度，绝不能以自己的作为消解学生的学习兴趣和主动"修行"的能力。[41]这其中的道理类似于绘画上讲究的"留白"，以及艺术表演上"此处无声胜有声"的说法。它们共通的地方在于，都强调要给受众留下想象和思考的余地。[42]

1956 年，高等教育部[⊖]部长杨秀峰在全国人大会议上指出：

克服学生学习和生活过分紧张状况，改变学生机械刻板的生活，使学生能有较充裕的自由支配的时间，消化、巩固所学的知识、技能，并合理地发挥自己的爱好和特长，锻炼和培养学生独立工作能力，这是当前提高培养干部质量的一个关键问题，必须立即着手加以解决。过去对于培养学生独立思考能力的工作注意不够，高等教育部在领导上是有责任的。[43]

这段话今天读来，现实意义并未减少。其提示的问题仍然值得后来的大学教师认真思考和诚勉。

⊖　设于 1952 年。1958 年 2 月与教育部合并。

（四）严与宽：评价学生的尺度

与"满与空"相关的一个话题是"严与宽"。"严师出高徒"的说法提示了为师者要从严要求学生从而助力后者成长的一面。杜甫《戏题画山水图歌》一诗中所说的"能事不受相促迫，王宰始肯留真迹"，则可以理解为营造宽松的学习氛围、秉持宽容的态度，对于培养学生的创造精神具有重要作用。由此看来，在教学中，"宽"并非"严"的反义词那么简单。

"严""宽"两字都是多解的。"严"，可以是"严肃""严厉"，也可以是"严格"。前两者说的是态度，后者指的是标准。而标准从严，也需要服从和服务于培育学生成长的整体目标，并不应简单地把"从严""严格要求"理解为"出难题"。那种在考试中通过难题、怪题把学生难倒，使其"烤糊"的做法，因其可能害及学生的学习兴趣，甚至诱致学生动起歪门邪道的念头，显非负责任的教师所当为。"宽"既可以指"宽松"，也可以是"宽容"。前者与营造友好的环境、氛围有关。后者则指向了教师用以评价学生的内心尺度和与学生相处时外显的态度，包含了容许学生试错的意思。当然，这并不是说要纵容学生刻意犯错、做违法乱纪的事，而是说鼓励学生在知识、学业上开展探索，哪怕遭遇挫折和失败，都不应否定、放弃学生。

因此，在师生关系问题上，"严"不必然和"宽"对立。既严格要求，又秉持宽容精神，营造宽松氛围并非不可能。如何既能在标准上"从严",严格要求,又能秉持"宽容"的心态,营造"宽松"的环境,其间尺度到底如何捏拿,亦是教师需要思考的问题。同时,厘清"宽""严"之度时,还须认真分析具体情况,不区分教学对象、不看教学内容、不考虑教学目标,就极可能落入清人赵藩在《武侯祠联》中所说的"不审势则宽严皆误"的窠臼。

(五)理与情:情感因素的去与留

毋庸讳言,伦理学推崇理性、理智。很多命题都是建立在理性假说基础上的。与风光的理性不同,情感明显"命运不济",经常被归于须要祛除之列。这方面,尤以康德的态度最为决绝。不过,虽有前哲力主,问题却并未因此变得简单。同是哲学巨擘的罗素就十分看重情感因素之于人生的价值:"三种单纯然而极其强烈的激情支配着我的一生。那就是对于爱情的渴望,对于知识的追求,以及对于人类苦难痛彻肺腑的怜悯。"[44] 显然,在进行伦理判断与选择时,特别是在应用伦理学的语境下,究竟是应该彻底地"去情",抑或还可以"容情",仍有待深入讨论。[45]

在课堂上,通常需要被掩抑的,还有教师的个人情感。不把个人的好恶和负面情绪因素带入教学中,是教师的基本职业操守。但假使在讲到"心忧炭贱愿天寒"之类的诗句时,是否要向学生传递自己的情绪体验,唤起其同情心,以使其也能够设身处地、感同身受？这貌似是个技术问题，实则仍与伦理有关。

（六）信与疑：教学的目的 I

这里的"信"和"疑"都是使动用法，即使人（学生）信服、使人（学生）怀疑的意思。按照韩愈的说法，师者需要为学生"解惑"。解惑的前提是学生有疑问、有困惑。从学的角度看，有疑惑表明学生的学习和思考处在一种行进状态，是好事。那么，从教的角度看，是否应该追求让学生处于"无惑"的境界？是否唯有让学生无惑，才算是好的教师、好的教育？教育的目标是否应该是把学生教育得彻底没有了疑问（即无惑）呢？

其实"信与疑"的问题与前面有关"满与空"的讨论是相通的。教师在为学生"解惑""去疑"时，如果以试图帮助消解学生现有的全部疑问为目标，则无异于另一种"满"或"知无不言"。其潜在的危害在于不利于学生积极思考、提出问题，主动地找寻答案，甚至会害及学生对未知世界的好奇心和求知欲。而真正的教育绝不是教会学生"以第三章讲述的方法来解第三章后面的习题"那么简单。[46]

苹果公司创始人史蒂夫·乔布斯（Steve Jobs）在斯坦福大学毕业典礼的致辞中提到"求知若饥，虚心若愚"（stay

hungry，stay foolish）。望文生义地理解，前一句或许可以用来概括教师为学生释疑去惑时应该把握的程度，但后一句如果被拿来形容教师心目中的学生在将自己与教师学识比较后的自我评价状态（即教师希望看到学生自惭形秽、自愧不如老师），则未免失当。

《列子·汤问》记载了一个老师让质疑自己的学生由疑转信的故事："薛谭学讴于秦青，未穷秦青之技，自谓尽之，遂辞归。秦青弗止。饯于郊衢，抚节悲歌，声振林木，响遏行云。薛谭乃谢求反，终生不敢言归。"人们每每拿它来说明学永无止境、不可骄傲自满的道理。不过，换个视角看，这个故事毋宁是个反面案例。薛谭先是在求技未精时自以为是，无端怀疑老师的水平，这固然不对。而当其发现老师技艺精湛、自己尚望尘莫及之后，他又走向了另一个极端，彻底"迷信"起老师来。故事没有提示后来老师对待学生的态度，但从薛谭"终生不敢言归"来看，作为教师的秦青也没有再让其离开。学生固然可能囿于自己的视界，迷信老师，"只看一个人的著作""叮在一处"，以致"所得就非常有限"，[47] 但作为教师则不能放任这种情况长久存在，全然不提醒学生"山外有山"，不讲明"转益多师是汝师"的道理。

诚然，旧时学生向老师学习主要采取的是"从夫子游"[48]的形式。"一日为师，终身为父"之类的说法，或与这种深度浸润的教育方式有关。如今，情况发生了很大改变，教育机构

（这里仅指高等教育机构）成了连接学生与教师的纽带：教师之所以成为某位学生之师，首先需要取得在该生所在教育机构任教的资格；学生要成为某位教师之生，亦需要取得该教师所供职的教育机构的学籍，且选择了该教师开设的课程（当然也包括接受其指导开展研究、写作论文）。这种转变使旧日的师生之间若隐若现的人身依附关系不复存在，而使教师得以一种职业身份站在学生面前。相应地，学生会分门别类地跟从不同的教师学习不同的科目。但即便如此，也存在在特定科目上是否要"疑"和"信"师者所讲内容的问题。

（七）守与变：教学的目的 II

薛谭学讴的故事也触及了守与变的话题。薛谭跟随老师身后，亦步亦趋，终生不敢越雷池一步，不思变革与超越，至多只能算是老师的复制品，突破与创新自然无从谈起。求学如此，办学（教育）亦然。如此说来，突破与创新似乎是相当正确的事，但它们并不能成为教学的全部目标。除了强调创新，保守也值得重视。好比行船，不断变换风帆与舵的角度以获取前行的动力和保住船体的平衡都是不可或缺的条件。教育、学术也情同此理，保守和创新（改变）一样重要，不宜厚此薄彼。

保守的一个表现是重复。而重复恰是成就经典的必由之路。试想，那些经典的诗歌、戏剧作品，之所以成为经典，一定是得到了读者的反复诵读或是经过了轮番上演，经久不衰，而为世人广泛认可。相反，如果新创作品，甫一问世就被人遗忘，自然难以步入经典之列。重复经典的过程，更需要讲求原汁原味。倘使为了"革新"的目的而将经典改得面目全非，诸如"给长城贴上瓷砖"之类，则绝非致敬经典者所当为之。为了让经典永续流传下去，在其式微之际，还需要有学人挺身而出，勇于"为往圣继绝学"。[49] 所有这些，都是保守的应有之意。

一边是变革、求新，一边是重复、"守旧"。其实两边都是完整的高等教育或学术思维训练的应有之意。教育的目标从来不应是单一维度的。《哈佛通识教育红皮书》中提到：

教育的真正任务是把来自于遗产的范式和方向与来自于科学的实验和革新协调起来，使它们可以有效地共存和相互促进。

留传给我们的关于人和美好社会本质的那种传统必定为我们提供了善的标准。然而，传统本身存在着这样一条功利，即确信：任何公认的理想的当前形式都不是最终的，每一代人，甚至每个个体都会发现它的新形式。因此，教育既不能完全信赖传统也不能完全变成实验，既不能认为理想本身就足够了，也不能认为远离理想的手段是有价值的。它必须同时支撑传统和试验、理想和手段，就像我们的文化本身那样守正出新。[50]

负责任的教育，以及践行这种教育理念的教师，有责任培养学生"我爱吾师，我更爱智慧"的意识，同时也应充分知会其守拙抱朴、心存敬畏的重要，而不应误导其只偏重一端，却无视另一面。

（八）短与长：教学的目的Ⅲ

说到教学的目的，还涉及课堂教学应当服务于学生的短期发展还是长期发展的问题。乍看上去，这个问题似乎与常见的"授人以鱼不如授人以渔"的提法近似。不过，分析起来，"鱼渔之争"其实都还属于教学内容上的分歧。"授人以鱼"诚然只能解一时之饥，但有用的"渔"的方法和能力也可能随着时间的推移而过时或者退化，所以负责任的师者还应赋予学习者应外部变化不断学习、创造的能力。进而可以推知，对未来可能的变化的考虑恰应成为追求"长远"的教学目标的应有之意。

说到这里，似乎前述短与长的疑问已经得到了回答。毕竟诸如"父母之爱子，则为之计深远"[51]"风物长宜放眼量"等许多古语、箴言都在加重"看长远"的分量。越来越多地得到社会认同的"'无用'知识的有用性"[52]的观点也就那些可以现学即用、立竿见影的内容，和虽然短期内看不出有何用处，从长远来看却极富价值的内容哪个更值得欲求，"实地"与"星空"、"目下"与"远方"之间该如何取舍的问题，给出了倾向性意见。

　　然而，"短期发展"也许只是"利其器"，"长期发展"则是"善其事"。从辩证的角度看，短是长的基础。如果没有"短"的累积和准备，其实"长"的目标也就无法实现。蒋南翔校长曾说："一个大学生进入社会，就好像一个猎人进入森林。我们不只要给他足够的干粮，还要给他一支猎枪。"其间"不只要给……还要给……"的提法值得特别注意，而且"不只要给"的干粮还应当是"足够"的。

　　那么可以断言兼顾"短"与"长"就是最终的答案了吗？未必。还是回到课堂教学本身，在有限的学时里，如何克服短期目标与长期目标之间的内在张力（矛盾）？如何设定课程的侧重点？如何分配课堂时间？这些仍然是负责任的教师应当准备接受拷问的问题。

　　上述问题主要是从教学过程角度出发的。如果从教育结果的角度看，值得讨论的问题还有很多，比如："全与缺"——一定要让学生"全面"发展、"青春少年是样样红"，还是可以容忍学生有"短腿""弱项"？"同与异"——是否一定要求学生"达标"，即符合某种外在的尺度才算合格？"成与败（挫）"——教育应该以学生取得某种成功为目标，让学生"从优秀走向卓越"，还是应该容忍学生不"成功"，并从失败、挫折中有所收获？"个与群"——教育的目的应该着眼于个体的学生的优秀、成长，还是也要着眼于让（优秀的）学生"成群"？以及在追求"成群"的过程中，对某些个体学生的成长有所忽略是否就变得可以接受了？

三、本章小结

教师的主业是授课，课堂教学则是育人的重要环节。唯因关乎育人，责任尤显重大。在教师责任中，又数教学的伦理责任的辨识繁难，而有赖更多的讨论，以凝聚共识。总结上述内容，可以得到以下要点：

其一，教师的教学活动，其价值或功用在于：帮助学生通过学习已知探求未知；通过课堂上的互动，培养学生的学习兴趣，开拓视界，提升能力，使之能平衡理智与情感，塑造健全人格，成就自己，影响未来。

其二，教师绝非真理的化身。其关于知识和价值的观点并非总是正确的。这也反衬出"隐"的另一重价值——掩饰立场也有助于教师适当藏拙。

其三，教师的观点既然不是始终正确的，那么教师也就不应强求学生始终不犯错，而应当容忍学生在学习过程中犯错。或者更准确地说，教学环节应允许学生试错，同时也提供纠错的机制。

其四，作为纠错机制的一部分，师生之间可以就学术观点进行开诚布公的讨论甚至辩驳。对于学术上的不同观点，教师应秉持宽容的态度，须知：学生反对教师的观点并不意味着反对教师本人；学生和教师进行辩驳并不意味着不尊重教师。

这样就会避免武侠小说里那种动辄指控对方"欺师灭祖"进而要"清理门户"的非理智做法。这种平等、自由的学术讨论与前面提到的教学要留白、留"空"、关照学生长远发展等做法一脉相承，其共同构建了达致"变"的目标的空间。更重要的是，学生在宽容的学术氛围中自主地在师言与智慧之间进行取舍，除却习得知识、增进智慧，也会对何者为学术有所感悟，实是在接受初步的学术训练和熏陶。不同的学生在宽容的环境中各取所需，也就是教师"因材施教"的过程。教师也可以在这样一番互动交流中收获许多，实现"教学相长"。诚如歌中唱到的，"成全了我，也就陶冶了你"。

|第三章|

知止有度

大学学术伦理论要[⊖]

杨斌　姜朋

一、学术规范与学术伦理

建设一流大学，离不开一流的研究。科学研究是面向未知领域展开的不懈探索，没有止境，堪用"可上九天揽月，可下五洋捉鳖，谈笑凯歌还。世上无难事，只要肯登攀"的词句来形容。不过，没有止境不等于没有边界。这种学术研究上的边界既包括学术规范方面的，也有学术伦理层面的。

学术规范在 20 世纪 90 年代曾成为学界讨论的热点，相关研讨一直持续到 21 世纪初。从学者讨论的内容来看，主要针

⊖　原题为《大学的学术伦理之维》，发表于《学位与研究生教育》2018 年第 5 期，第 40 ~ 44 页。

对的是学术论文写作规范，引证体例，对伪造（fabrication）、弄虚作假（falsification）、抄袭剽窃（plagiarism）等行为的认定等与文风、学风有关的话题。[1]特别是由其中有关抄袭剽窃等学术不端行为的认定问题引申出了建设"学术诚信"的议题，进而又有人采用了"学术道德"的称谓，与"学术规范"交替使用。正是在这些研讨的基础上，教育部先后制定并发布了《关于加强学术道德建设的若干意见》（2002）、《关于树立社会主义荣辱观，进一步加强学术道德建设的意见》（2006）等政策文件。[2]

学术伦理则是和学术规范（或前述意义上的学术道德）不同的范畴。[3]它不是直接用以管束教师和学生的行为规范，而是对于研究对象、研究方法以及研究本身所产生的外部性的影响进行伦理考量、伦理评估的标准和机制。

举例来说，2017年曝出的107篇论文撤稿事件[4]就涉及学术规范问题，更确切地说属于学术不端行为。更早一些时候发生的"黄金大米"事件[5]涉及的则主要是被测试对象的知情权问题，属于学术伦理范畴。当然，学术伦理的范围还不只限于此。

2017年5月，"月宫一号"实验系统再次启动，此次名为"月宫365"的实验将持续一年，其间将有8名志愿者分两组进入密闭实验舱"月宫一号"。第一组4名志愿者于2017年5

月入舱，60 天后，第二组 4 名志愿者与之换班，2018 年 1 月
26 日，第二组志愿者结束 200 天的舱内生活与第一组再次换
班，并由后者完成最后的 105 天的实验。据介绍，实验期间，
志愿者既是实验操作者，也是实验对象。其需要通过系统制造
再生氧气、水和食物以支撑自己的生存需要并如实记录自己的
血压、心率、体温、体重等基本生理数据，以及饮食起居等生
活工作情况。[6]

　　该实验可能涉及的伦理问题包括：实验系统的安全保障如
何，长期生活在这样密闭的环境中是否会对被测试人员（志愿
者）的身心产生不利的、不可逆的后果？为了如实记录实验进
程与结果而采取的措施（如实时监控录像、生理数据采集）是
否会侵犯被测试人员（志愿者）的隐私——对女性被测试人员
的体温的测度会反馈其生理周期的变化。[7]又如，实验的一个
附带目标是打破密闭实验的时长纪录，但实验期间，若某被测
试人员（志愿者）家庭突发变故，是否该如实告知并允许其终
止实验出舱？

　　类似的涉及"学术伦理"的例子还有很多。

　　一位研究人员在热带雨林采集鸟类标本时，意外发现并捕
获了一只人们原本以为数十年前即已灭绝的小鸟。他应当仅
仅拍照进而将其放归自然，还是把它制成标本，带回自己供职
的大学作为藏品？[8]

利用计算机技术，让诸如医科学生在虚拟情境中进行一些本该在真实情境中进行的试验研究，以减少对试验对象的倚赖，同时也可能降低对学生实际操作能力的要求。该这样做吗？

主持某个研究项目的大学教授，同时也是资助该项目的公司的股东，他是否应该在发表相关研究成果时对此事加以披露？研究完成后，资助方希望能将研究成果推迟半年乃至三年时间再发表，以保护成果对该公司的经济价值，这样做合适吗？ [9]

在签署了保密协议的情况下，如果研究人员发现资助方提供的用于临床试验的药物存在严重的副作用，是应该保持沉默、退出项目，还是应该将其公之于众？ [10]

显然，科学研究中潜藏着诸多利益、原则上的冲突，绝非只是人对静止的物的观测与解读那么简单。面向不确定的未知领域的研究，极可能会牵涉特定、不特定个体的人，甚或群体的人，乃至整个人类的利益。[11]因此科学研究不应只有"科学"一个指针或判别标准，还应该从伦理（科研的道义责任）的维度，对该研究可能产生的社会影响进行严肃、认真的考虑。对上述冲突、利益、人的关切，正是学术伦理的应有之意。

其实不只是自然科学领域的研究，人文社会科学领域的研究同样存在伦理之维。比如，在对某些人群进行访谈时，要不要充分考虑受访者的感受（如因勾起其对往事的回忆进而引起不快甚至痛苦），是否要以及如何注意在保证研究真实性的前提下充分保护受访者的隐私？[12] 在进行类似米尔格兰姆（Milgram）电击测试的人类行为研究时，要不要考虑被试（按电击按键的人）的主观感受，以及一旦其发现试验完全是虚假的，而自己在被测试过程中的表现又不令人（自己）满意、不那么"道德正确"时，其内心的沮丧、自责等可能的负面心理，是否要在事先予以充分告知或事后设法予以疏导、慰藉，以使之得到宣泄、脱敏？

这些伦理问题是科学研究中普遍、客观存在的。如何在研究项目论证、设计之初就对其加以有效识别，做出预案，在事中积极应对，在事后进行及时评估或补救，并不只是个体的研究人员的事，也应该是大学要尽的责任。

强调学术伦理的意义还不止于此。大学，作为培养人才的机构，具有很强的迁移和示范效应。今天的学生（尤其是研究生）可能就是明天科研的领军者。"师如何教，亦师所教"。[13]因此应当"使负责的科研行为教育成为学生日常生活的一部分，将此种教育置于研究背景中，而不是把它当作一种分离的项目"[14]。学生跟随老师参与学术研究或在导师指导下从事学位论文写作的过程，也正是接受有关学术伦理的训练，明了学术研究中的伦理维度、边界、标准、尺度的过程。因此，在大学教育中增加有关学术伦理的内容，也应当被理解为大学承担立德树人这一教育的根本使命的一部分。

二、关于伦理审查委员会的实践

经过学界与主管部门的共同努力，如今越来越多的学术论文写作规范、引证体例获得了成文化的表达；有关惩戒抄袭、剽窃等学术不端行为的案例也不断累积，可供学界同人学习援引、镜鉴诫勉。但与此同时，对于纷繁复杂的学术伦理问题，单靠个体的努力未必能有效应对，而需要从业者进行公开的讨论，以达成共识；需要有非常具体的行为指引、先例、规则、程序等制度保证；需要有专业的机构在事前进行提醒、评估和把关。这方面，生物医学领域普遍设立的伦理审查委员会提供了非常好的参照。

（一）他山之石

从世界范围来看，在生物、医学领域普遍设立有伦理审查委员会或机构伦理委员会（Institutional Review Board，IRB），通过预先审查，对相关研究（人体测试方法）可能会给受试者造成的身心损害进行预判，并对研究者予以提示，从而尽最大可能保障受试者的权益。

从语源上看，伦理审查委员会是对英文"Institutional Review Board"的对译，也有直译为机构审查委员会的。其作为一个独立的机构，对学术研究中采用的各种研究方法是否符合伦理要求等问题加以审查。IRB 制度源于美国，其起初审查的领域主要是生物医药和行为研究等涉及人的学科，以保护相关研究的受试者的权益。[15]

事情的起因是，1932～1972年，美国卫生部与塔斯基吉大学合作开展梅毒研究（塔斯基吉梅毒研究（Tuskegee Syphilis Experiment）），对数百名感染梅毒的黑人隐瞒真实情况，不提供药物治疗（当时青霉素已可以用于治疗梅毒），只进行名为"自然研究"的观察，还以免费交通和午餐、针对梅毒以外的其他疾病的免费药物以及免费葬礼为诱饵，编造"坏血"（bad blood）疾病，欺骗受试者接受定期脊髓穿刺检查。据估计，到1972年11月16日官方宣布结束该研究时，最初的梅毒试验组已有28人在试验期间死亡。到1988年9月，已有41名受试者的妻子和19名子女呈现梅毒症状。[16]

作为回应，美国国会和联邦政府分别制定了法律和联邦政府法规以保护受试者权益，前者包括《食品、药品、化妆品法》和《公共卫生法》。与受试者保护相关的联邦政府法规主要是《联邦法规汇编》（Code of Federal Regulations，CFR）第45篇第46部分（45 CFR 46）、第21篇的第50部分（21 CFR 50）和第56部分（21 CFR 56）。其中，第45篇第46部分由美国卫生部于1974年制定，适用于大多数由联邦政府资助的人体试验研究，包括4个分部。如今通常被称为"通则"（Common Rule）的A分部（Subpart A）起初是1991年制定的《联邦受试者保护政策》（The Federal Policy for the Protection of Human

Subjects），后来其被编入《联邦法规汇编》第 45 篇第 46 部分。B、C、D 分部规定了对孕妇、囚犯和儿童等特殊弱势受试者的附加保护措施。[17] 概括说来，受试者保护"通则"针对联邦资金资助的研究中的受试者保护问题提出了三项基本要求：由研究机构的伦理审查委员会对研究方案进行独立审查，获取受试者的知情同意以及机构的政策依从性保证（federal wide assurance）。[18]

在如今的美国，各大学及学术机构都根据《联邦法规汇编》（45 CFR 46）的要求设立了伦理审查委员会，并经美国卫生部（Department of Health and Human Service，DHHS）下属的"受试者保护办公室"（Office for Human Research Protection，OHRP）认证，负责审批、监督本机构涉及受试者的研究项目，以实现对受试者的保护。[19]

（二）我国的相关实践

在我国，1998 年，卫生部⊖成立了"涉及人体的生物医学研究伦理审查委员会"。2003 年，该部成立了"医学伦理专家委员会"，负责医学行业科技发展中有关伦理问题的咨询和审查。此后，各级医学院校、医药研究机构以及药理临床试验基地相继设立伦理生产委员会。2007 年 1 月，卫生部又制定了

⊖　2013 年与国家人口和计划生育委员会合组为国家卫生和计划生育委员会。2018 年重组为国家卫生健康委员会。

《涉及人的生物医学研究伦理审查办法（试行）》，要求在该部之下设立医学伦理专家委员会，各省级卫生行政部门设立本行政区域的伦理审查指导咨询组织。二者作为医学伦理专家咨询组织，主要针对重大伦理问题进行研究讨论，提出政策咨询意见，必要时可组织对重大科研项目的伦理审查，同时对辖区内机构伦理委员会的伦理审查工作履行指导、监督职能。[20]

2016 年 10 月，国家卫生和计划生育委员会（以下简称"国家卫生计生委"）制定了《涉及人的生物医学研究伦理审查办法》，同年 12 月 1 日起实行。按照该办法，国家卫生计生委和国家中医药管理局分头成立国家医学伦理专家委员会和国家中医药伦理专家委员会。省级卫生计生行政部门成立省级医学伦理专家委员会。[21] 该办法还要求从事涉及人的生物医学研究的医疗卫生机构设立伦理委员会，独立开展伦理审查工作。[22] 医学伦理委员会的职责包括对本机构开展涉及人的生物医学研究项目进行伦理审查（含初始审查、跟踪审查和复审等），以及在本机构组织开展相关伦理审查培训等。[23] 医学伦理委员会的委员应当从生物医学领域和伦理学、法学、社会学等社会科学领域的专业人士和非本机构的社会人士中遴选产生，人数不得少于 7 人，且应当有不同性别的委员。少数民族地区应考虑少数民族委员。[24] 委员任期 5 年，可以连任，并定期接受生物医学研究伦理知识及相关法律法规知识培训。该委员会设主任委员一人，副主任委员若干人，由委员协商推举产生。[25]

三、大学伦理委员会的制度设计

与上述科研机构设立伦理审查委员会的做法相比，国内大学（指非以医药为主要专业的大学）设立伦理委员会的还不多见。[26] 鉴于伦理审查委员会制度在生物、医学研究领域发挥的重要作用，以及现实中大学面临的学术伦理挑战，有必要考虑在大学（专门的医药方面的高等学校因已经有相关机构设置，故不在此列）中建立伦理委员会制度。[27]

设立大学伦理委员会，可以加强和完善相关学术伦理规程建设，提升人才培养境界，助力学生整体加强学术伦理道德修养，是推进社会公德、职业道德乃至学生个人品德建设的有力抓手，亦是对教育部《关于建立健全高校师德建设长效机制的意见》（2014）提出的"各地各校要根据实际制订具体的'师德建设长效机制'实施办法"[28] 要求的具体落实。

（一）大学伦理委员会的定位及它与学术委员会、道德委员会等机构的关系

设立大学伦理委员会，需要处理好它和大学已有内设机构（如学术委员会）的关系。如今，国内大学基本都有校级学术委员会与院系分委员会的设置。那么另外设立伦理委员会的意义何在？对此，教育部《关于加强学术道德建设的若干意见》（2002）有关发挥学校学术委员会的作用的强调，[29] 也传递出

了这种怀疑。

其实，分析起来，伦理委员会和学术委员会在职责定位、人员构成、工作机制等方面还是存在很多不同之处的。

首先，在职责定位方面，大学的学术委员会通常被界定为大学的"最高学术机构"，"统筹负责学术事务的决策、审议、评定和咨询等事项"。[30] 伦理委员会则重在对相关科学研究（主题、方法、社会影响等）是否合乎科研（学术）伦理进行评价，尤其需要对研究涉及的对象（如受试者）的权益和福祉予以特别关注。除了对研究计划的合伦理性进行预先审查以外，伦理委员会还承担着起草、拟定、修改相关伦理标准，进行合规宣传，介绍，培训，指导等事务性工作。

其次，在人员构成方面，学术委员会通常由大学内部具有最高学衔的人员（正教授）代表组织，伦理委员会则更强调其委员的独立性和专业性。比如，卫生部《涉及人的生物医学研究伦理审查办法（试行）》（2007）就明确提出了生物医药机构伦理委员会成员专业背景的多样性要求——"从生物医学领域和管理学、伦理学、法学、社会学等社会科学领域的专家中推举产生"，其还特别提示了要注意委员性别和民族的多样性——应当有不同性别的委员。少数民族地区应考虑少数民族委员。至于委员是否具有最高学衔，则未特别强调。

再次，在工作机制方面，由于学术委员会成员大多是兼职，还有本职的教学科研工作，该委员会以定期举行会议为主，且会议的频次不高。伦理委员会因涉及相关研究（项目及其方法）合伦理性的预论证，而研究项目的申报虽然也有一些规律可循，但不能排除临时出现的可能，因此该委员的会议势必更加经常化。

此外，学术委员会虽然也负有"促进人才培养与学术研究，追求学术理想，坚持学术自由，发扬学术民主，推动学术创新，维护学术道德"的职责，但其维护学术道德的方式多以事后审查为主，如针对抄袭、剽窃等行为进行事后认定和做出相应处罚的决定，因而可能与学校内部负责教师和学生的纪律处罚部门对接。伦理委员会则更多地聚焦于事前。其职权只限于基于对相关研究项目所涉及对象的权益、研究方法的合伦理性的判断，做出同意、拒绝、建议修改等决定，因是事前预判，一般不会涉及对研究本身的真实性、原创性的评价，也不会涉及对研究者的学术纪律处罚问题。

举例来说，中国科学院于 2007 年 2 月 26 日发布《关于加强科研行为规范建设的意见》（以下简称《意见》），提出设立中国科学院科研道德委员会。[31] 该委员会的主要职责包括：

1. 指导院属机构和院部机关科研道德工作，监督院属机构和院部机关科研行为规范执行情况。
2. 制定并修订科学不端行为处理规定及实施办法。

3. 受理涉及所局级及以上领导干部和院部机关工作人员科学不端行为的投诉。

4. 受理涉及国家重大机密或院重大成果的科学不端行为的投诉。

5. 经相关院属机构共同请求，对涉及多个院属机构人员科学不端行为的投诉，且相关院属机构不能达成一致认定结论和处理意见的，进行协调或仲裁。

6. 认为院属机构对科学不端行为处理存在事实不清、程序严重违规的，可要求院属机构重新调查处理，或委托其他院属机构进行调查处理，或由委员会进行调查处理。

7. 认为院属机构认定结论错误和处理意见不当的，予以纠正或撤销。

8. 院务会议、院长办公会议决定由委员会进行的其他工作。[32]

从上述《意见》对查处"科学不端行为"职能的反复强调可知，该科学道德委员会的定位仍然被限定在学术规范层次的"科研道德"（学术道德）上，而与本章讨论的学术伦理有别。

类似地，北京大学学术道德委员会专注的也是学术道德层面的问题。该委员会是学校学术委员会下设的学术道德规范建设专门机构，"在学校学术委员会的领导下独立开展工作，对学校学术委员会负责"[33]。其主要职责是"负责评估学校学术道德方面的方针、政策和存在的问题，接受对学术道德问题的举报，对有关学术道德问题进行独立调查，并向校长提供明确的调查结论和处理建议。"[34]

关于学术道德委员会的人员组成和办事机构，《北京大学教师学术道德规范》（2007）和《北京大学学术道德委员会工作办法》（2008）的规定不尽相同。《北京大学教师学术道德规范》（2007）规定，学术道德委员会"由校学术委员会指定的学者组成，主任由校学术委员会主任任命，组成人员应考虑学科分布；必要时成立独立的临时工作小组，负责学术道德问题的调查，并向学术道德委员会提出认定报告。校学术道德委员会的日常办事机构为校长办公室督查室。"（第6条）"院系学术委员会为院系有关学术道德问题的处理机构，必要时成立独立的临时工作小组。"（第7条）[35]《北京大学学术道德委员会工作办法》（2008）则规定，"学术道德委员会由一名主任委员、两名副主任委员和若干名委员组成；主任委员由学校学术委员会主任兼任，副主任委员、委员由学校学术委员会根据各单位意见并征求学者建议确定，委员选任应考虑学科分布。"（第5条）"学术道德委员会委员实行任期制，每届任期四年，连选可以连任，但连任不得超过两届。在特殊情况下，可根据实际工作需要做适当调整。"（第6条）"学术道德委员会实行全体会议与办公会议制度。"（第7条）"学术道德委员会的日常办事机构为学术道德委员会办公室，设在党办校办督查室，负责学术道德委员会日常事务的处理与协调。"（第8条）

（二）大学伦理委员会组织运作构想

考虑到当下大学普遍设置了学术委员会，以及预先对研究项目进行伦理审查所带来的巨大工作量和与之相伴的对其成员知识背景多元化的要求，有必要将未来的大学伦理委员会定位为校级学术委员会的常设附属工作机构。大学伦理委员会成员是否由学术委员会成员兼任，可不做硬性规定。考虑到医学及生命科学领域已有的伦理审查委员会建制，因此在综合大学设立大学伦理委员会时，上述专门的伦理审查委员会仍可作为前者的分支机构继续保留。

除大学伦理委员会委员外，大学伦理委员会还应从校内外选聘"评议专家"，组成评议专家库。[36] 遴选专家及组建"评议组"时，应当以专业性作为衡量标准，坚持权威科技专家、法律和政策专家兼容并包的做法。在聘请校内专家的同时，亦应邀请相当数量的校外专家，且不以来自学界为限。在涉及学生的学术伦理问题时，还可以特邀相关学生代表（同时注意避免利益冲突）作为评议专家。

遇有学术伦理审查事件时，应从专家库中抽选专家，组成评议组，就相关研究项目的合学术伦理性进行审查，并出具相应评议意见。这种模式有些类似于商事仲裁：校级学术委员会相当于商会，大学伦理委员好比附设于商会的仲裁委员会，专家评议组则类似于负责审理个案的仲裁庭。

概括而言，大学伦理委员会的主要职责是：①草拟学术伦理规范报请大学学术委员会审议，经校务委员会或教代会批准；②就已有的学术伦理规范向校内师生进行宣传、介绍和培训，接受各方咨询；③组建专家评议组，由其对校内师生承担的由学校资助（含第三方经由学校账户转拨经费）的学术研究在立项前进行学术伦理审查，并出具相关意见，审查内容包括但不限于：研究的主题、方法的合伦理性，研究对象（如受试者）的权益保障，该研究对公众知觉的影响等；④就校内师生主动提起的学术伦理审查案（如学生学位论文选题或研究方法是否合乎学术伦理等），组建专家评议组，开展相关审查；⑤收集、整理、保存相关文件档案；⑥与其他校内机构或校外同行就学术伦理建设事宜开展沟通协调。

第四章

表里之间

大学管理伦理析微

杨斌

一、恶意绰号亦霸凌[○-]

校园霸凌对青少年的伤害比人们想象的更普遍、更严重。除了恃强凌弱、以多欺少、以大欺小等身体上的直接伤害之外，冷暴力对处在更希望被群体所接纳的年纪的学生们来说，隐性伤害更深、更持久，因其逾越的伦理、法律界限并不很清晰，也许是"好了伤疤忘了疼"的成年监护人关心不够，忙碌应对大量学生的教师很难体察细致或是工作风格粗放不敏感，未能及时地干预、帮助，积极地排解和引导。于是，伤害既

○- 原题为《校园称呼非小事　价值塑造蕴其中》，发表于《中国教育报》2020 年 6 月 26 日 02 版，有修改。

成。特立独行、创见异见也可能演化为被排挤、讥嘲的对象，成为某种少儿样式的群氓对异类的心理霸凌。

其中，五花八门的让学生经受不起并产生深度负向情绪反应的绰号，特别是恶意绰号，是一种在教师、学生、父母的理解中存在不同观点的校园霸凌。有研究机构调查显示，大城市中 40.7% 的中小学生都曾有被叫难听绰号的经历。[1] 这是个有些惊人的比例。恶意绰号给学生特别是低年级的学生带来的伤害远不止父母想的那么简单。学生在这个年纪心智尚不成熟，心理失衡难以调节，对父母和他人缺少求助的勇气，对恶意绰号往往比成年人更加敏感、心理更加脆弱，学生自己容易陷入归因于己的思维怪圈，父母也常有苛责被霸凌者的错误行为，进而导致学生产生自卑、压抑和厌世等负面情绪，从躲避上学到求助于恶势力甚至还会发展出其他恶果。即使度过了这一段，学生成年后仍会在一定程度上表现出戕害造成的心理行为特征。

但是，恶意绰号之外，还有些称呼也许并非出于恶意，也会因为潜移默化、日久生成的心理内化效应，对校园当中的学生成长、师生关系、校园角色分工、中外师生融合产生重要的影响。应当说，这方面的后果影响目前还没有受到足够的关注，对其造成的负面影响的深度、广度和持久性的认识还相当缺乏，甚至完全无视。

二、大学之后无"家长"⊖

如今，越来越多的毕业典礼成为学校教育的最后一课。毕业季中校长、院长、教授、学长以及嘉宾校友的演讲成为舆论报道竞相关注的焦点，在微信上也传播很广。有些演讲，纵饱含深意，但逐渐脱离毕业寄语的基本初衷，喊话作势，露出借题发挥、喧宾夺主的小气，值得反省。对此，我搁下不表。在毕业典礼中这许多祝贺、鼓励、感谢的话语里，有一个称呼始终让人感觉不舒服，我也曾做过辨析，但仍很流行，那就是"家长"。

"家长"，即"一家之长"，指父母或其他监护人，一般指未成年人的父母或长辈。我们经常能在大学当中听到教职工们在各种沟通场合使用这一称呼，非常普遍，也不以为忤。但是仔细想想，其中也许有着伦理上与教育上的反思，值得我们重视。

对于大学生，特别是大学毕业生而言，成为一个独立的思想、行为主体，本身就是大学培养目标中的重要组成部分。这一阶段的社会化"断乳"自立，不仅是社会对大学生、一个合格的社会建设者、职业工作者的期许，也是社会对于大学这样的教育机构的目标设定。何况当今研究生教育的年龄跨度较以

⊖ 原题为《毕业典礼致辞请别再称呼"家长"》，发表于《新京报》2014年2月17日 D02 版，有修改。

往更大，对于一位三四十岁的毕业生来说，用"家长"这个称呼更显反讽。

在今天的社会环境中，高考后填报什么志愿，甚至选什么课程，找什么实习岗位，毕业时是继续读研深造还是直接就业，学生做出这些选择，以及承担选择带来的后果，本身就是大学教育重要的组成部分。交异性朋友的浪漫与煎熬，处理宿舍关系的磕碰与共融，可以跟父母、亲友交流请教，但是人格上的平等以及学生自己的独立判断与承担，这些全都是大学课程之外的校园生活带给大学生的宝贵财富。

"师如何教，亦师所教"（How we teach is also what we teach）——如何教本身也是传授内容的一部分。教的方式本身内嵌着很多隐性的东西。比如，课堂上的一言堂、独角戏，学生若习以为常，毕业后进入社会就很容易将之带入工作组织中，轻则不善调动组织成员的积极性，重则要求其他成员默认服从，不以缺少多样的意见而憾。换言之，老师对这个世界的基本假设、世界观和方法论，不仅会通过授课内容传授给学生，还会通过课程教授模式、校园生活传达影响着学生。同样，"家长"这种称呼的延续，也会让某种家长制的领导方式、管理风格，成为学生毕业后步入社会的习惯。如果父母亲友团以"家长"的身份过度介入，甚至代劳、主宰，就会造成学生大学学习或者青年成长中的一个严重缺憾，甚至是错误——"错误"这个字眼并不过分，由此造成的"内伤"可能要很久以后才能被体会到。

对于成年的大学生、研究生，动辄以"家长"这个称呼来指代他们的家人，对于促进大学生、研究生跳出家庭舒适区，通过社会化的过程找寻和确立自己的独立人格、身份认同、责任意识，显然是不利的。同时，这一称谓对于关心他们成长的父母、亲友，也会有不恰当的暗示性引导。家庭教育与学校教育需要有机地结合，但这绝不意味着在中小学阶段的家校共同体要以大学阶段的家长会、家长联谊会、学校对话大学生家长的方式来延续。

在大学教育中，知识能力的提升长进、价值观的完整完善其实都是次要的。没有自立、自信（人格上的自我独立、自我认知、自我接受）这个基本，知识能力又将落于何处？所以，称呼问题并不简单。校长、院长们称呼前来观礼的各位毕业生的父母以及其他家庭成员为"亲友"更为恰当，这代表着对大学教育本质的体认和坚持！

三、导师岂可称"老板"

"老板"，则是另外一个值得引起足够重视的称呼。先实录一段在某论坛中引起很多共鸣附议的研究生的留言：

　　我给我妈说我们导师其实就是老板，我妈还和我辩论，说就是你们老师啊，但是我是真的不愿意把他归为老师那一类，主要是不想让老师那个词掉价。（仅针对我的导师，我知道还是有一些导师很好。）

　　什么是老师，传道授业解惑，我的导师这些都没干。进入研究生阶段，其实那个方向我不是很懂，导师肯定是不会教的，导师只是疯狂地给我们布置任务，然后我们汇报工作，汇报工作没做好，老师就批评（说好听的不说骂了），批评完你，他也不给你解惑，全靠自己找资料或者问师兄师姐。我们的专业比较偏，找工作还得偷偷自学，让老板知道了会说你。

　　我妈说那正所谓"师傅领进门，修行靠个人"，这么说的话师兄师姐才是我的师傅，是他们教的我，我不会也是问的他们，和老板一点关系都没有。我们实验室有严格的上下班时间，工作没做好还会扣助学金。

　　这样的导师不是老板是什么？[2]

　　影响研究生培养质量提升、研究生立德树人目标达成的关键之一就是导学关系。中国研究生教育在改革开放后迅速发展并做出了重要贡献，有些地方在学习西方经验的同时也端回来了一些不好的东西，称呼导师为"老板"就是其中一例。最早的起源也许是对课题的来源，研究生培养经费、奖学金的来源，导师要负很大的责任，或是对实验室强依赖的学科或者工程项目密集的学科来说，老板的称谓有某种对于领头人的习惯戏称的成分，但久而久之，这种逐步公开化的称呼就使"导师变老板""导师行为老板化"的逻辑变得越来越正当合理。有人说，"老板"叫着还挺顺嘴，听着挺亲切。真的是这样吗？

什么是研究生教育中导学关系的基本伦理？导师是为高层次创新人才培养服务的，而研究生不是为成就导师的科研成绩或是学校的创收任务服务的。导师，对学生而言，是学术上的引导者，也该是品德上的榜样，"己欲立而立人"，学生的顺利成长、全面发展是导师成就感的真正来源。导师与学生拥有一段共同做学术探索的经历，也拥有一生相互尊重彼此促进的缘分。太多实例表明，这种导师当"老板"，学生做"打工仔"的现象，这种将研究生作为导师科研项目的高层次人力资源（也有人称之为"苦力资源"）的做法，这种经济雇用关系甚至某种人身依附关系渗透、浸淫到学术界形成的病态，极大地阻碍了师生之间树立健康良好、教学相长的学术研究共同体关系，阻碍了学生的批判性思维、独创原创性等创造力的培养和发挥。"老板"称呼体现出的导师对学生的专属管理权和命运的掌握权，扭曲了师生之间的平等、信任与开放，伤害了人才培养事业的神圣性、纯洁性与严肃性。将导师以"老板"来称呼，口头上可以休矣，心里头更要一直警惕。

四、学生不能随便叫

还有一类称呼是"学霸"与"学渣"、"差生"与"牛娃"。"学霸"在旧时常用来形容凭借势力或权威把持、垄断教育界或某个学术领域的人，妨害年轻人和新思想的出现与进步，也叫作学阀，属贬义词，而今它成了新闻舆论、媒体宣传中的常用词，转义为擅长学习、成绩优异、遥遥领先的学生。与之相对的则是成绩不理想、学习吃力、久居下游的学生，他们自称"学渣"。学校蒸蒸日上，某些校友在网络上发言时还会自嘲说"校强我渣"。同样，在一些教师的言语中，甚至一些校长的发言中，也经常说到"差生"这个概念，它并非指方方面面都有待提高的学生，而一般特指学业成绩差、排名落后的学生，相对地，他们提到了一个新词，就是"牛娃"，还特别突出其功课学得早、学得多、学得深，远远超前，让其他同学（及其父母）望尘莫及只能啧啧艳羡的这层意思。

这类称呼听多了，大家似乎也习惯了，觉得没什么大不了。但在教育心理学和育人的规律方面深究，其实问题多多，危害潜在而长远。不同阶段的学生，即使是他们到了大学研究生阶段，也都仍在探索、进步，也都充满全方位的成长性。对于学生阶段性的状态，冠以一个标签式的称呼，可能产生负面导向的皮格马利翁效应。同时，德智体美劳全面发展，课程也是丰富的组成，"学渣""差生"等称呼却更看重学习成绩，或者说是与升学有关的主课的学习成绩这单一的维度。这种导向对学生会有潜在的暗示引导，使本该丰富、全面、长期的学生素质发展堕入单一的知识竞赛、课业竞技和分数游戏中。"学霸"的"霸"字让学生成长的视野窄化、目标变狭隘，滋生学生间聚焦在校园内部的、学生相互之间的比较、博弈，而不是积极地鼓励学生"跟自己赛跑""不断超越自我""实现更好的自己"；"学霸"的"霸"字，也与谦逊虚心、团队合作、敬业乐群的价值观相去甚远，带有某种排行榜打擂台逞英雄式的格调，从品格示范的角度，算不上高明、明智。"小时了了，大未必佳"的教训很多，偏科的"牛娃"畸形发展、停滞不前的例子不少。"牛娃"的头衔对于学生、父母而言都是个包袱，甚至会使他们为名所累，变得一味求提前早教盲目进行各种恶补抢跑，同时因为剧场效应造成其他学生和家庭循序成长的节奏被带乱、带歪，最终被牺牲掉的是学生在每个年龄段本该有的健康、快乐与从容，积累着整个社会在排位竞赛中的焦虑与惶恐。

所以，我明确主张：对"学霸""学渣""差生""牛娃"这类对学生的全面发展、从容成长不利的粗暴称呼，任课老师、班主任老师首先不要用（不仅是为了政治正确，而且是真正地不这样思考、评判），学生之间、学生的亲友们不要用并敢于对用的人说不，校长们、教育局局长们自己不要用还要督促校园远离这些刻心噬魂的单维度尺子，极有影响力的新闻媒体朋友也应该尊重教育规律，讲求报道格调，坚决予以戒除。

五、教师称谓有分寸

对于教师，在校内的很多场合要慎用"大师""美女教授""名嘴"等称呼，在课程教学、师生开放交流的环节和过程中，老师或者教授的称呼都是自然而恰切的，也不必过于强调教师的其他学术头衔（帽子），不必刻意区分教师的职称差异，更不该以其扮演的其他角色（如行政职务）来称呼，这不仅涉及如何构建更为平等自由交流、平视而非仰视的学习探讨氛围的问题，也是希望纯化教师在教书育人中的角色，使之成为传道授业解惑的教师，这是最重要、最本质的。"美女教授"的称呼让很多女教师心中不平，这并非因为"美女"二字在当今社会的人际交往中变得廉价、泛滥，更是因为这种界定与刻画对学术组织、教育机构中的女性是一种不尊重、不平等、角色异化。"名嘴"用在很多教课受欢迎的老师身上是一种对于教师、课程、课堂教学本质的误解，是对于什么才是真正优秀的教学表现的误导，也会影响到学生对于课程教学定位、自身主动投入、建构学习准备度的认知。

在教师教学中，除了我们常强调要讲求语言格调、避免歧视性禁忌之外，还有个特别的建议，就是对于学生要慎用"孩子"这一称呼。现实情况是即使到了大学生研究生阶段，学生仍然常被教师口头叫作孩子，对中小学生来说这更是家常便饭。从落实教育"立德树人"使命的角度，教师要从称呼上把学生当独立的个体的人、集体中的一员，而非需要"监护"的孩子。在家庭关系中父母和孩子是正确的角色，学校肩负人格养成要务，只有"学生"和"教师"之分，教师在学校、课堂中称呼学生"孩子"，是角色错位。即使是在幼儿园，以"小朋友"来称呼学生要比"孩子"更得体。角色定位不是小节，这个教育的细节体现着最深刻的教育意识，可以说教师如何称呼学生是一门潜移默化，每天教师都在教、学生都在学的隐性课程，关系到学生独立的身份认同的建立与厘清，对自己为人而应担当的责任的体认与拥抱。

六、小小称谓学问大

对于学生参加社会活动，参与社团组织，我也有两个关于称呼的提醒：一是不要动辄就说"校方"，二是少些官称。我听到一些学生代表、学生组织的发言中以校方指代学校，很多时候指的是学校领导、管理层，但也有不少时候，就是指除了学生之外的学校其他部分。不只是语气过于正式透着生分，这种称呼本身出现在校长接待日、学代会、征求意见会并表达意见（我完全认同提意见是正当的，也应该是经常的）时，常让我想起学生是否因此忽略自己作为学校的一员、学校建设者一部分的角色？是否有某种顾客心态的显露？在学生组织中，主席多、部长多、会长多、团长多，而且这称呼还经常出现在学生之间的日常交往中。对服务型领导力的培养，学生时代的社团训练、社区锻炼、社会历练是个很好的开端，但也许可以先从更能认清自己作为服务同学、服务社群的服务员角色开始，从称呼上保持更具朴素的学生气而戒除弄假成真的官气做起。

往远一点儿展望，随着高校全球人才培养工作的进一步发展、学生的全球胜任力的进一步提升，留学生这个称呼也许还存在，但是针对留学生的很多管理政策一定会走向普通，使之成为普通学生群体中有特色的但是普通的一种。同样，大学中的"外教"这个称呼，目前在校园环境中主要不是根据教师持有外国国籍而论的，被叫作外教的教师长得更像"老外"，或者特指讲授语言文化类课程的教师，这在外籍教师凤毛麟角的过去是正常的称呼，恐怕未来伴随着教师群体不断多元化、全球化，也会不再特别、特殊，而融入普通教师的行列。融入普通、发挥特色，这不仅是个称呼问题、分类问题、管理问题，背后也有着文化、伦理的大问题，也体现出我们的教育更加自信、更有定力和吸引力。

称呼非小事，价值蕴其中。称呼太常见，使用频率极高，因此它的价值塑造、价值观体现与传递的功能极强。称呼欠考量，角色、责任、任务、边界，规范、导向乃至使命，都有可能出现偏差。兹事体大，不可不察，绝不能将就，而必须讲究！立德树人，从用对称呼做起。

第五章

简历不简

大学管理伦理续谈

杨斌　姜朋

一、进步的尺度

　　亨利·梅因有句名言:"所有进步社会的运动,到此处为止,是一个'从身份到契约'的运动。"[1]对此,我们能找出很多现实的例证。比如,与建立社会主义市场经济体制的宏伟目标相契合,作为微观层面的具体改革举措,我国大学自 20世纪 90 年代起渐次开始了学生就业制度改革。计划经济时代长期实行的国家(通过教育行政部门及学校)统包分配的做法被学生自主择业、学生与用人单位双向选择的新制度所取代。《光明日报》1996 年 4 月 9 日刊发的一篇文章为这个话题提供了极好的注解:

　　从招生开始，通过建立收费制度，改变学生上大学由国家包下来，毕业时由国家包安排职业的做法……国家不再以行政分配的办法安排毕业生就业，而是以方针政策指导、奖学金制度和社会就业需求信息引导毕业生自主择业，逐渐建立学生上学自己缴纳部分培养费、毕业后多数人自主择业的机制。[2]

　　不过，更值得关注的是，也许契约能化解身份依从问题，却不能保证道德自洽。新的就业机制带来了新的挑战。在双向选择制下，毕业生为了"毛遂自荐"，在与同侪的竞争中"脱颖而出"，需要用到简历这个重要的辅助手段"推销自己"。此间，也就蕴含了在伦理层面值得讨论的重要问题。

二、围绕简历为何（wéihé，是什么）产生的思考

　　简历，顾名思义，就是"简要的履历"。[3]本科毕业生 20 岁出头，人生经历并不复杂，为了能在简历上多写几句话，为了让简历"丰满"好看，不惜倒果为因，占用课堂学习时间去企业实习，或是牺牲锻炼、休息时间，加入尽可能多的社团组织，参加太多的课外活动，谋求更多或更高的头衔……与此同时，简历有限的篇幅要求作者必须对很多值得记述的精彩时刻做出取舍。也就是说，为了达致"简"的效果，必须做减法，留下精华。减什么、留什么，却大有讲究。

　　比如，自己的光彩一面是否一定要全部都写上去？举例来

说，甲曾经是省高考状元，入学时拿过新生奖学金，但大学期间成绩平平，再与奖学金无缘。为了避免给人以"高开低走"的印象，是否可以索性不提获得新生奖学金的事？

又比如，是否可以通过对事实信息进行技术处理，经过"剪裁"，把自己精彩的一面呈现出来呢？乙在大学前两年的成绩都非常好，但是到了第三年成绩断崖式下降，是否可以在简历中只提示前四个学期的成绩（或学分绩）？

再进一步，是否应该在简历中提及自己的负面信息？比如，自己曾经因违反校规受过处分，要不要写在简历上，第一时间告诉用人单位？

除了前面提到的"剪裁""做减法"，是否可以对相关事实信息进行"打磨""修饰"或者"拔高"？就拿个人照片来说，是提供素颜照，还是用经过深度修饰的照片？用相机自动美图的照片可以吗？比如，丙只是参与了某次学生活动的组织工作，能否在简历里把自己写成活动的负责人？类似地，为了凸显自己的活动能力，可否把自己从学生会的普通干事拔高成"副部长"。如果丁曾因心理疾病休学一年，能否在简历里说这是运动中肢体受伤所致？显然，学生撰写简历是在对自己过往的经历进行取舍。这个过程中，不只存在如何对事实信息进行技术处理的问题。因其涉及的是要"大幅留白"还是"有限深描"，是"轻微修饰"还是"深度打磨"，是"局部夸大"还是"彻底虚构"，而会对读者（用人单位）的认知产生不同的引导作用。在这个意义上，简历该如何写，绝非仅仅关乎写作技巧，同时也是一个伦理问题，即其中蕴含着价值判断，涉及对于诚信与责任的理解和界定。

三、围绕简历为何（wèihé，用途/目的）产生的疑义

诚然，简历的首要功能是求职。通常学生会将用人单位发来的录用通知称为"要约"（offer）。为了获得"要约"而向对方进行的意思表示是"要约邀请"。学生向用人单位发出的简历应当属于这一范畴。在法律视界里，同属"要约邀请"的还有形形色色的商业广告。既然现实中的广告如果去掉渲染、烘托甚至适当的夸大，太过写实，就会失去美感，那么循此原理，难道不也该承认学生发出经过"修饰""包装"的求职简历是适当的吗？

更何况，阅读简历的往往是那些具有丰富的人力管理经验的人力资源（HR）经理。他们的专业技能和经验难道不足以让其"拨云见日""透过现象看本质"，识别出求职学生的真实面貌吗？加之用人单位往往在筛选简历之后才安排面试，简历通常构成了进入面试阶段的敲门砖。为了更顺利地通过用人单位的简历筛选关，让自己的简历显得与众不同，被人记住，采取一些"抛光"之类的技术手段似乎是可以接受的。尤其是在简历和面试配合使用的情况下，评委完全有条件就简历中的留白

进行追问。如此一来，学生选择在简历中采用"真话不全说、假话全不说"的策略，把有些内容留待对方问起时再说，而不是一开始就主动交代，"知无不言，言无不尽"，似乎也就不算错。

四、大学在学生管理中的道德责任

上述种种，恰恰是简历撰写过程中存在着伦理挑战的具体表征。比如，是坚持实话实说——哪怕粉饰过往经历并不会有人知道或去核实，还是权衡说实话和话到嘴边留半句的利弊得失之后再做表达，就分别属于伦理学上的义务论和目的论两条进路。目的论看重行为的结果，以结果的好（善）作为判断行为合道德性的标准。义务论（这里主要是指康德的义务论）则强调伦理选择时行为的正当性，而这种正当性与行为者秉持的伦理义务有关，只有那种出于义务的行为（而不只是行为的结果合乎义务的行为）才是道德的。每个人要对自己负责，就应当为自己设定道德义务。

作为简历的撰写者和投递者，行为人也需要对自己的行为负责，不自欺；同时，其也对接受简历的一方负有道义责任，即所谓不欺人。如果这一点不好理解的话，不妨先退到结果主义的视角。想想看，如果简历作假，事后被用人单位发现而身败名裂，此间的利弊得失各是什么，是否划算？出于对自己负责的考虑，还要不要作假？长久忍受着达摩克利斯之剑，忍受着被发现、被揭穿而失去既得一切的威胁，这种感觉是否舒服？若不舒服，那其与作假所带来的一时痛快、便利相比，孰重孰轻？

美剧《广告狂人》[4]（*Mad Men*）中，主人公唐·德雷珀冒名顶替一名牺牲了的军官的身份，以英雄的姿态回国，一时风光无限。而后他娶妻生子，事业有成，但他始终担心秘密泄露，不敢告诉妻儿，甚至拒绝与亲兄弟往来，以防对方拆穿自己。主人公在妻儿面前严防死守秘密的同时，对于被冒名顶替的军官的妻子，以及自己功成名就后娶的第二任妻子却坦然得多。两者形成了非常强烈的反差。

当然，很多学生简历中出现的问题也和用人单位的选择偏好有关。在用人单位为主导的就业市场，苛求处于弱势的求职的学生坚守道德责任并不妥适。在求职这种缔约双方地位明显不对等的场景下，学生往往会主动揣摩用人单位的意图，投其所好，以求胜出。这时，如果用人单位率先做出一些负责任的举动，就可以有效避免学生过度"打磨""粉饰"简历的行为。比如，用人单位明确要求简历中不应附照片，不仅可以避免自己在筛选简历时以貌取人，也可以避免学生因使用过度美颜的照片而陷入故意误导他人的失德境地。又比如，用人单位如果不刻意关注女研究生的婚育状况，也就不会诱发对方隐瞒真实婚育情况的现象。

"制度好可以使坏人无法任意横行，制度不好可以使好人无法充分做好事，甚至会走向反面。"[5]邓小平同志这句名言也同样深刻揭示了外部环境对个人伦理选择的影响机理。不过，也不应就此否定人的能动性。一方面，个人的选择首先是为自己做出的，在其貌似回应某个现实难题的同时，也在通过自主的选择（doing），形塑着自己（being）；另一方面，个体的选择、坚守还可以反作用于环境。1999 年 11 月 11 日，阿里巴巴在《钱江晚报》第 8 版发布了一则招聘广告："If not me, who?""If not now, when?"，译作中文或可称为"舍我其谁""只争朝夕"。后来艾玛·沃特森（Emma Watson）在"联合国演讲"中也提到了这两句话。它们提示了个体的道德坚守和努力对于外部环境的改善仍然是有价值的。

再回到学生如何撰写简历的话题上。如今，越来越多的大学为在校生开设了职业发展课程，帮助学生测度个人性格与职业取向，对其进行简历撰写、面试礼仪等方面的知识传授和技能模拟训练，还会提供各种实习、就业信息。但这其实还远远不够。作为育人机构的大学还应当承担起更广泛的道义责任。一方面，有必要和用人单位进行积极、有效的沟通，帮助其在招聘时去掉一些不必要的、容易诱致学生在伦理上做出逆向选择的要求；另一方面，需要在日常学习、生活中，在具体的就业指导过程中，加强对学生的正确引导。唯有如此，才是负责任的教育的应有之意！

大学职业伦理课程建设

第六章

伦理课能教吗

以专业硕士学位项目为中心[○]

杨斌　姜朋　钱小军

一、在专业硕士学位项目中开设职业伦理课的必要性

（一）专业硕士学位项目的发展趋势

经过 30 余年的恢复和发展，中国的研究生教育已经完成体系构建。同时，因应时代的变迁，研究生教育改革的步伐一直没有停歇。因而在特定时点下，其层级划分、专业与学位设置往往呈现出一些颇为复杂的格局。譬如，在法学专业中，既有原来因袭苏联模式的"法学硕士"，又有转学美式的"法律硕

○　原题为《专业硕士学位项目与职业伦理教育二题》，发表于《学位与研究生教育》2014 年第 6 期，第 5 ~ 8 页，有修改。

士"。[1]后者则根据考生本科是否学习法学专业而分为"法律硕士（非法学）"与"法律硕士（法学）"两种。[2]又如，在博士层面，同时存在全日制、在职攻读和"论文博士"[3]的分类。不过，就硕士研究生教育而言，专业硕士学位项目逐步取代原有的学术型硕士项目是一个总的发展趋势。[4]以清华大学为例，目前已开设有金融、应用统计、法律（JM）、社会工作、体育、汉语国际教育、新闻与传播、建筑学、工程、城市规划、风景园林、公共卫生、工商管理（MBA）、公共管理（MPA）、会计（MPAcc）、工程管理、艺术（MFA）17个专业硕士学位项目。[5]其中，工程硕士涉及的专业领域多达28个，[6]多个院系参与了学生培养。

专业硕士学位的培养目标是让学生具有"独立担负专门技术工作的能力"[7]，硕士毕业生所从事的也多是远离学术的职业，尽管理论上也存在着硕士生毕业后攻读博士学位从而走上学术道路的可能。

因此，随着专业硕士研究生项目的增多，那种认为研究生教育就是"为研究而接受教育"的望文生义或顾名思义式的观点势必受到强有力的挑战。相应地，在学生培养目标与手段上也需要做出调整。

（二）职业伦理问题的普遍性

专业硕士学位项目的培养过程强调"专业性"，即学生直面具体问题的务实精神和着手解决问题的能力。具体问题的表现形式可以有多种，有的是纸面上的数字，有的涉及规则、设计方案，或者个性化的决策。归根结底，这些都会直接或间接地影响人的活动。伏尔泰说，伦理是人类的第一需要，因为它维持了社会的继续。在这个意义上，有人的地方就会有伦理问题和伦理选择。例如，旧建筑被拆除的时候，一同消失的也许还有附载其上的历史文化；设计建造新建筑不只是给当下设定"地标"，也会在建筑史上留下一笔，让后人被动地"审美"或者"审丑"。[8] 这其实就是一个伦理问题。

诚然，有时表面上人们的活动只是针对或者影响到了自然。比如，在加拿大多伦多，每年有 100 万 ~ 900 万只鸟因撞上建筑物尤其是那些能反射树木影像的巨大玻璃幕墙而死亡。[9] 又如，墨西哥出产的龙舌兰是制作龙舌兰酒的主要原料。20 世纪 90 年代，许多生产商开始使用除草剂和杀虫剂，甚至在孟山都等公司的敦促下试验灌溉法。这不仅使龙舌兰品质低下，还造成了普遍的土壤侵蚀和水质问题。[10] 此间，鸟类的大量非正常死亡与人在城市建筑设计时考虑不周和建筑材料选用不当有关；普遍的土壤侵蚀和水质污染也与人的选择密不可分。反过来，鸟的死亡与种植环境的改变也会对人类造成影响，从而仍然属于（环境）伦理的范畴。

事实上，即使是那些偏重技术的工程领域，如在河流上建水坝、跨流域调水、大面积播种转基因主粮，其也远不止涉及技术上能或不能的问题，除了影响到鱼类的洄游、周围植被的生长等自然环境，对人居环境和人体的健康乃至未来子孙后代的生存状况也会产生深远的影响。这些可以也应当被纳入职业伦理的范畴，在学生学习专业知识和技能的同时，被关注、被讨论。

（三）开设职业伦理课的意义

职业伦理应当是专业硕士学位培养环节中一个不可或缺的内容。这是因为专业学位项目之于社会的贡献，在很大程度上是由其培养的学生的价值观和在复杂伦理情境下进行独立思考、有担当的选择和负责任的决策决定的。

韩愈《师说》里讲"师者，所以传道、授业、解惑也"[11]，其中所说的道、业、惑可以理解为价值观、专业知识和解决具体问题的技能，依次对应着宏观、中观和微观三个层面。按照这个标准，一个成功的（至少是合格的）教育不能仅仅着眼于中观和微观层面，也应当指引学生关注更宏大的精神世界，否则只会培养"失去了灵魂的卓越"的"精致的利己主义者"的教育，唯恐贻害无穷。

据马丁·海德格尔（Martin Heidegger）考证，伦理（ethics）一词的希腊文词源"ethos"最早由古希腊人赫拉克利特提出，本义是人居住于其中的敞开的场所。后经由康德、黑格尔的伦理学理论化，伦理偏指社会的普遍道德及义理化的社会普遍道德准则。[12] 从这个角度看，职业伦理的教育不只是针对准备步入业界的学生个体的培育，而有了影响未来某些特定行业标准的意味。

哈耶克曾揶揄那些眼界狭隘的同行："一个只是经济学家的经济学家，即使不是一个切实危险人物，也可能变成一个令人讨厌的家伙。"因为"在研究社会的过程中，这种专注于一个专业的做法却会产生一种特别有害的后果：它不仅会妨碍我们成为有魅力的伙伴或好公民，而且可能侵损我们在自身研究领域的研究能力"[13]。虽然他强调的是研究，但其间所述的道理同样适用于实务性工作。由于教育针对的不只是个体，还有群体，因此如果整个群体的思路都非常单一，"在面对复杂问题时，单一思路的群体是较难走出困境的。"[14]

二、开设职业伦理课的可行性与目标

（一）开设职业伦理课的可行性

应当看到，就读硕士研究生项目的学生大部分都已成年，有的还有若干年工作经验，甚至已为人父母。其人生观、价值观、世界观均已基本成型。不过，按照"活到老，学到老"的古训，任何时候开始学习都不算太晚。因此年龄不是障碍，而且很多问题也不是到了某个岁数、到了某个阶段就自然而然地会了、理解了的。作为负责任的教育，不应对那些重要且普遍的问题只字不提，而留给学生在毕业后到具体的工作中自己摸索。那种放任几乎和"不教而诛"没有本质区别。

历史上，孔子的弟子就学时多已成年。[15] 对待他们，孔子除了要求其阅读相关文献（《诗》《书》《易》等）以外，[16] 兼采归纳与演绎之法。归纳法即是他所说的一个"学"字，演绎法即是他所说的一个"思"字，"学而不思则罔，思而不学则殆"，谓之学思并用主义。[17]

孔子会采用对话的方式对学生加以启发、诱导。

他的教授方法是很活动的：①或因学生的能力而加以相当的培植，或因他们的缺点而施以适当的补救，所谓"栽者培之，倾者覆之"。（《中庸》第十七章）同一问仁，而所答不同；同一问孝，而所答不同；同一问行，而所答亦不同；这种方法，昔日谓之因材施教，现今叫作适应个性。②孔子与学生问答的时候，有时引起他们的动机，有时完全让他们发动，从未有学生未曾注意或绝无机会，而竟按照一定的课程每日死板的，所谓"不愤不启，不悱不发"（《论语·述而》）这种教法，以今语解释，谓之"启发式"，又可以说近于"自动主义"。[18]

《论语》记录了多位学生向孔子请教君子、为仁、崇德、友、明、政、行等问题的对话。"子路、曾皙、冉有、公西华侍坐"一节中，孔子即通过"如或知尔，则何以哉"的提问引出了四位学生的发言，继而对其加以点评。[19]另一处，"颜渊、季路侍"，孔子要求学生"各言尔志"。之后，子路提出"愿闻子之志"，孔子遂作答。[20]整个过程完全是开放讨论式的。孔子还说"吾与回言终日，不违，如愚。退而省其私，亦足以发。回也不愚。"其中的"违"字解作"提问"。可知孔子教学时是鼓励学生积极提问并进行课后反思的。颜渊总结说："夫子循循然善诱人，博我以文，约我以礼，欲罢不能。"[21]孔子"有教无类""因材施教"的教学理念和"因人因时随处不同"的教学法足资当下的职业伦理教育借鉴。

杜威说："教育不是把外面的东西强迫儿童或青年去吸收，而是需要使人类'与生俱来'的能力得以生长。"[22]在承认学生具有自主学习、领悟和判断能力的前提下，教师完全能够通过诸如案例讨论等方式，引导和推动学生将自身代入相关的职业情景，思考什么是职业伦理、如何进行职业伦理选择等问题，并做出自己的判断和选择。这也正是孟子所说的"君子深造之以道，欲其自得之也"[23]。

（二）职业伦理课的目标

开设职业伦理课还需要面对诸如"这些道理本该是在中学

教给学生的""社会大环境如此，大家都这么做，单靠一门伦理课能解决什么问题""职业伦理有什么用"之类的质疑。

其实，就算基础教育环节曾经存在诸如填鸭式的灌输教育，以告诉学生并使之牢记唯一正确的标准答案为使命以应对标准化考试[24]——现实中的基础教育已经发生了不小的变化，高等教育才更应该设法予以弥补，否则便是对学生不负责任。

当然，对于职业伦理教育的难度和有限性，也应有正确的认知。人难以预测未来[25]，立法者不能为将来预设全部的规则，教师也无法告诉学生人生所有潜在的风险和难题所在。因此，相关课程不是要解决学生全部的职业问题，也不应奢望在短暂的时间里就能改变学生已有的三观，但通过研讨可以引起学生对现实中职业伦理问题的普遍性、复杂性的注意，启发、推动思考，并培养其举一反三的能力。

忌惮现实社会的"染缸"效应，不去正视，无助于问题的解决，不利于学生的成长。铁道部⊖原部长、原党组书记刘志军在被判死缓后，忏悔说"是因为放松了自己的学习，放松了思想上的警惕，走上了这条道路"。开封市委原常委、原组织部部长李森林获无期徒刑后表示："我贪图钱财，盲人骑瞎马，夜半临深池而浑然不觉……我就是水中的那只青蛙，水温慢慢升高自己却浑然不觉，开始时还觉得很舒服，等到水温高了受

⊖ 2013 年 3 月，分拆为国家铁路局和中国铁路总公司。

不了想逃出来时，四肢已经半熟，无能为力了。"[26] 如果这些高官的失足、落马是因为平时缺乏检省的话，那么在学生开始其职业生涯之前或之初，就提醒其注意养成及时反思、审视自己的习惯，也许就会减少一些罪恶滋生的机会。

除了这层消极的"自保"意味甚浓的意思以外，职业伦理教育还有更为积极的一面。人们在追求各种基本价值时，不同价值之间可能存在复杂的相互依赖性、互补性，也可能存在冲突。"因此，重要的不是要选出一个优于其他价值的特殊价值。尽管普遍认为单一价值分析往往是有吸引力和易于理解的，但这只能导致完全忽略其他价值并最终恶化人类的生存状况……因此，对特殊意愿的追求永远要受制于多重价值间的权衡。"[27] 帮助学生对并存的多种价值（目标）进行全面考察和综合权衡，恰是职业伦理教育的着力点。

这一点也决定了职业伦理课与政治理论课[28] 的不同。毋庸置疑，两课在立德树人、对学生进行价值塑造的总目标上是一致的。不过，由国务院《学位条例暂行实施办法》（1981）第7条可知，硕士研究生的马克思主义理论课要求学生"掌握马克思主义的基本理论"。职业伦理课的教学目标则是要贴近专业课程教育，帮助学生厘清未来职业发展、专业工作中可能遇到的职业伦理困境和伦理选择，相较前者而言，还是形而下的。

至于"有什么用"的问题，哈耶克其实已经做出回答，他曾特别提醒人们注意"作为意识不及的因素"（non-conscious factors），即"我们往往意识不到其重要意义且有可能永远无法充分理解的那些因素"：

> 如果没有那些我们不了解其重大意义因而我们有可能认为其无甚意义的信念和制度，我们将一事无成。只要生活继续下去，那么我们在实践中就必须接受诸多我们无力证明其为正当的东西，而且还必须遵从这样一个事实，即理性并不总是人之事务的终极裁判者。一如前述，不论我们希望与否，我们都必须在某种程度上成为哲学家……我们却不能允许自己对哲学中两个得到充分发展的分支学科一无所知：一是伦理学问题，二是科学方法的问题。因为我们知道，我们始终会碰到伦理学的问题，而且科学方法的问题在我们的研究领域中也注定要比它们在其他领域中更棘手。[29]

概括起来，不外就是庄子所说的"无用之用"（《庄子·人世间》）。[30] 职业伦理教育的价值和目标也大抵如此。

第七章

伦理课教什么

伦理教育与法律教育的取舍

杨斌　姜朋　钱小军

在有关职业伦理课的讨论中，有人提出究竟是该向学生提供法律教育还是职业伦理教育？这一发问显示出人们将职业伦理与法律同视为确定的、可资指引行动的规则的观念。同时，其中也隐含着将法律与伦理的关系简化为一种对立的或者说可以替换的关系的观念。问题在于，无论是法律还是职业伦理的指引作用都既是有限度的也是多元的。加之二者的关系非常复杂，因此在到底二者该教授哪一个的问题上，借用卢梭的话："这个问题之显得难于解答，只是因为它的提法不对。"[1]

一、多元的伦理与法律规范

（一）多元的伦理立场与选择

海德格尔说过，任何社会现象都可能有不同的、多元的诠释。[2]法律规定、伦理判定皆如是。古希腊智者学派哲学家普罗泰戈拉（Protagoras）认为："人是万物的尺度，是存在的事物存在的尺度，也是不存在的事物不存在的尺度。"[3]柏拉图的《克拉底鲁篇》（*Cratylus*）、《泰阿泰德篇》（*Theatetus*）和《法律篇》，亚里士多德的《形而上学》（*Metaphysics*）也都提到过"人是万物的尺度"的观点。按照苏格拉底的说法："人的无形意识是（或者应该是）世间万物的最后尺度。"[4]"世界上谁也无权命令别人信仰什么，或剥夺别人随心所欲思考的权力。""人只要具有自己的道德和信念，即使没有朋友的赞同，没有金钱、妻室和家庭，也会成功。但是如果不彻底研究问题的来龙去脉，任何人都休想得出正确结论，因此必须拥有讨论所有问题的充分自由，必须完全不受官方的干涉。"[5]这种基于人的自主性形成的伦理观点、立场乃至选择势必如同"1000 个人读，就会有 1000 个哈姆雷特"般呈现出多样性的特征。一如拉德布鲁赫所说："个人拥有并表达道德观念。但这并不意味着个人的道德观念可获自我验证。因为至今我们仍只能说，道德信念与其他信仰一样，可以是真的或假的、对的或错的、合理的或不合理的。"[6]人们常说的人和人的底线不同指的就是这回事儿。

（二）不同部门法的指引与评价

其实，法律也不是铁板一块，其内部存在不同的部门法分类。类似的行为，根据不同部门法，可能获得截然不同的评价。譬如礼物的给予，按照民法的规则，它本是平等主体间单向度的赠与，属于合法范畴，但若受赠人具有公务员身份，而赠与人有请托的意图，则可能构成刑法上的受贿和行贿。又如，1973 年 6 月 29 日于智利首都圣地亚哥发生的"坦克突击"（Tancazo）事件中，一批下级军官开着坦克朝国防部推进，路上却从不闯红灯。"一到国防部，坦克上的人就密集开火，杀死了 22 人，伤了 32 人。"[7] 在此例中，士兵对两类法律采取了完全不同的态度，对于有关军人职责的法律，其选择了放弃和违反，即决定采取武装暴动，而对于道路交通法（市民社会基本规则），则选择了严格遵守，哪怕是在准备暴动的过程中。当然，由于前一种违背（军人职责的）法律的后果不能因为后面对（道路交通）法律的遵从而得以豁免或减轻，因此从法律的角度看，行为者应得的总体法律评价其实是贬抑的、负面的。

（三）因法律层级引发的冲突

法律内部还存在由高到低的层次划分。通常下位法需要遵从上位法的安排，但有时也有例外。2014 年，国务院取消了

对民办学校聘任校长的行政核准，但由国务院指派的来自国家
行政学院的评估组发现，陕西仍将其改为"省级核准"，理由
是全国人大制定的《民办教育法》（2002）第 23 条规定："民
办学校参照同级同类公办学校校长任职的条件聘任校长，年龄
可以适当放宽，并报审批机关核准。"按照上位法优于下位法
的立法原则，全国人大制定的法律效力优先于国务院制定的行
政法规，因此陕西的做法其实没错。类似地，建设项目施工临
时使用国有土地和集体土地需获得县级以上土地部门批准的要
求，也被国务院取消，但作为法律基础的《土地管理法》并未
修改；农业部[⊖]将食用菌菌种进出口审批权下放给省级农业部
门，但根据《种子法》，该审批权应属于农业部。[8] 很明显，上
述有关取消和下放审批权限的行政决定并未充分考虑到已有的
上位法规定，从而在合法性上存在欠缺。

（四）法律失灵

此外，法律也可能失灵。按照拉德布鲁赫的说法："法理
念由三部分组成：法的确定性、正义以及合目的性。"[9] 前面提
到了法律因内部的分歧而导致模糊、无效力的一面。而即使是
规定得非常明确的法律，也不见得都总能得到落实。明太祖朱
元璋曾重拳打击官吏贪污，"守令贪酷者，许民赴京陈诉，赃
至六十两以上者，剥皮实草"[10]，但此举未能杜绝贪污现象

　⊖　2018 年国务院机构改革中重组为农业农村部。

的出现，连他自己也慨叹："我欲除贪赃官吏，奈何朝杀而暮犯！"[11]类似的现象同样出现在美国。美国联邦法律规定，各医学院对研究中的利益冲突有管理的责任。一旦研究人员从医药公司获得的年收入或股票超过1万美元，或者拥有公司5%以上的股权，学院必须上报政府，但各医学院规定的内容大相径庭。2000年11月19日《新英格兰医学杂志》发表的一份报告显示，美国国家卫生研究所拨款最多的10所美国医学院都要求研究人员申报他们从医药公司获得的经济利益，包括股票、薪水、酬金和咨询费，至少是在总收入超过1万美元以后要申报。同时，学校还要求他们申报其配偶和未成年子女所获得的经济利益。但只有哈佛医学院明确禁止研究人员持有可能受到研究结果影响的公司股票或认股权。另有3所医学院对研究人员持有医药公司股份做了限制，但同时允许各种各样的例外。贝勒医科大学的范克拉里等人在该杂志发表的另一份报告则显示，250所医学院中，有15所没有制定关于利益冲突的规定。[12]因此，单纯地指望依照法律的指引来获得绝对肯定无误的结果，未免过于天真。

二、伦理与法律的关系

（一）作用机理辨析

法律与伦理道德发挥作用的机理不同。伦理有三个重要的追问：是否在做正确的事？做的方法是否正确？是否出于正确的理由在做事？[13] 其未必付诸文字，也许只存在于人心，通过习俗口耳相传。而（现代的）法律必须是明确的，需要事先公布为所有人知晓。当然，"法律不是某种不变的或者超历史的现象，而是在不同的社会历史环境下建构的不同的经验现象。"[14] 有时法律的发展会滞后于经济社会的脚步。于是，在法律制定之前，人们便无法得到法律的指引。此外，法律是有国界的。比如，在中国内地，汽车要靠右行驶，而在日本汽车是靠左行驶的。这些情况（有时还要加上没有国界的商业社会）叠加起来就容易出现问题。又如，日本汽车制造企业在全球召回缺陷产品时，一面向欧美消费者道歉和赔偿，另一面却以中国法律没要求对消费者进行赔偿为由拒绝支付赔偿金，就会引起中国消费者的不满，招致伦理上的责难。由此看来，只将法律作为行事的担保和依凭并不妥当。

法律要靠外力（所谓国家强制力）来保障实施，伦理道德则主要靠人们内心的检省发挥作用，当然，舆论也可以构成一种外部的道德力量，但其并不像法律那样有执法者之类的权威。正是在此意义上，拉德布鲁赫才说："关于伦理价值，它只能决定人自己的良心，而不能决定法律制度。"[15]

（二）底线之争

有不少人习惯将法律看作最低的道德标准或说底线。[16] 比如，德国法学家鲁道夫·耶林（Rudolf von Jhering，1818—1892）就认为"法是道德的最低限度"[17]。然而，事实上存在道德允许而法律禁止的行为，比如骑电动自行车上路、随身携带小刀出门，通常本是合理的，但在特定的场合（如限行路段以及飞机上）会被认定为违法行为。[18] 而有时，法律不禁止的行为也不见得就是合伦理（道德）的。比如，一家的狗在门口被车撞死了。这家人听说狗肉很好吃，就煮了当晚餐，而且没人看到这一切。[19] 或者更简单一点儿，解剖实验课后，将用于实验的兔子煮了吃掉。又如，已婚人士的婚外性行为（嫖娼不算），虽然至多只会成为其配偶主张离婚的依据，而不会使当事人卷入刑责，但在伦理上确实存在问题。

分析起来，对于特定的行为，有时法律的标准高于伦理的容忍度，有时则是伦理的标准更高；有时法律和伦理均持宽容的态度，有时二者都不能容忍，有时二者又截然相反。因此，谁是谁的底线的说法，未免失之简单。

（三）法律与伦理的冲突

古希腊人索福克勒斯的悲剧故事《安提戈涅》演绎了法律与伦理诉求之间的对立分歧以及当事人的艰难选择。安提戈涅是底比斯城主俄狄浦斯之女。父亲死后，她的两个兄弟厄特俄克勒斯和波吕尼克斯因争夺王位而死，成为新城主的叔父克瑞翁下令厚葬前者，却禁止安葬曾经反对他的后者，违反禁令的人也将被处以死刑。然而，安提戈涅认为其负有安葬亲人的义务。[20] 此间，很难让人信服地认为遵从法律的要求而放弃伦理的责任是合理的选择。

类似的例子还有许多。2014 年从黑龙江延寿县看守所逃脱近 10 天的高玉伦最终因亲戚举报而落网。[21] 由此再度触发了古老的话题：在伦理与法律之间，究竟是该遵从亲亲相隐匿的伦理信条，还是大义灭亲的法律原则？[22]

又比如，在影片《我不是药神》[23] 中，治疗白血病的特效药"格列宁"售价畸高，又不属于医疗保险报销范围。这导致很多依赖该药物延续生命的患者苦不堪言。所幸，有家印度制药企业仿制该药，患者可以承受其售价。机缘巧合，主人公做起了跨国带药的生意。然而，法律禁止未取得批文的药品进入中国市场。影片中，禁止性的法律就在那里，[24] 尽管不近人情。起初，主人公为了赚钱，以身试法。后来，他被身边病患的痛苦打动，全为了一个"义"字，明知前路险恶，仍毅然重出江湖，最终获罪。影片是成功的，面对银屏，"高尚的人会流下热泪"。其背后的缘由也不难理解：它高度契合了公众对于进行行为选择时合道德性理当被置于合法（律）性之前的普遍认知。

（四）法律的正当性评价

事实上，要求大义灭亲的法律规定本身也需要接受是否符合伦理的评判。尽管有哈特这样的法学家认为：法律体系首先是一个"封闭的逻辑体系"，正确的法律判决能够通过逻辑方法从事先确定的法律规制中推导出来，而不考虑社会目标、政策、道德标准；道德判断和事实陈述不同，它不能通过理性的争论、证据、证明得到确立或者辩护（伦理学的"非认识性论点"），事实陈述则可以这样。[25] 但不容否认的是，西方的法律传统始终"确信在最高政治权威的法律之外，存在一个被称作神授法（后称作自然法，新近又称作人权）的法律体系"[26]。更有趣的是，自然法理论的奠基人托马斯·阿奎那（St. Thomas Aquino，1225—1274）和法律实证主义奠基人约翰·奥斯丁（John Austin，1790—1859）虽然研究法律的方法迥异，但他们都强调法律受制于来自道德观念的评价，都相信存在可据以对法律进行适当判断的准则。[27] 这就是拉德布鲁赫所说的："一旦实定法对正义的违背达到无法忍受的程度，法的确定性必须要给正义让路。"[28] 何怀宏教授更是明确指出："现代法律只有从根本上被视为是正义的、符合道德的，得到人们普遍衷心的尊重，才能被普遍有效地履行。"[29]

三、法律与伦理的联手

虽然存在背离的一面，但有时法律也会求助于伦理准则，或者说伦理会披上法律的外套。2002 年美国国会通过的《萨班斯－奥克斯利法案》（Sarbanes- Oxley Act）第 406 条明确要求公司制定"高级财务人员伦理准则"（Code of Ethics for Senior Financial Officers），就是一例。[30] 而以培养法律专门人才为目标的法学院也普遍开设职业伦理课程的事实，[31] 更是将二者互补的必要性显露无遗。

　　何怀宏教授注意到："无论在东方还是西方的传统的等级社会中，'贵人行为理应高尚'，'君子之德风，小人之德草'，道德具有一种少数精英的性质，广大社会下层的'道德'与其说是道德，不如说是一种被动的风俗教化。然而，当社会发生了趋于平等的根本变革，道德也就必须且应当成为所有人的道德，对任何人都一视同仁，它要求的范围就不能不缩小，性质上看起来不能不有所'降低'，而这实质上是把某种人生理想和价值观念排除在道德之外。"[32] 在将伦理（道德）平民化或普遍化的过程中，在一些层面伦理与法律趋同也许是一种必然。然而，"'法律'又不完全等同于成文法，虽然它可以说是几乎所有成文法的核心，或者说它是最基本的社会习俗。仅仅说'法律'也不可能包括全部的道德，不能囊括诸如较细微的公共场合的礼仪，以及更积极的如在凭举手之劳就可以救人一命的情况下绝对应当援助自己的同类等道德规范……如果说这种底线道德一端连着法律，它的主要内容就几乎等于法律的要求的话，它另一端却连着一种类似宗教的信仰、信念。规范必须被尊重方能被普遍有效地履行。这种尊重来自一种对规范客观普遍性和人的有限性的认识。"[33]

　　由此可见，法律与伦理的关系是复杂的。有时二者边界清晰，有时二者重叠在一起，有时法律可能缺失（至少是滞后），有时法律的标准更高，有时则反过来，伦理的标准更高。简单把法律当成伦理底线的说法显然不能成立。鉴于此，在人才培养环节，有意识地同时开设与职业相关的法律和伦理课程，也许才是客观而中肯的选择。

第八章

伦理课怎么教

警惕与挑战

杨斌　钱小军

一、警惕过度教学[一]

　　我回忆起 2002 年读、译巴达拉克教授《沉静领导》[二]一书时的许多感受。翻译那本书，对当时的我是一次迟到然而享受的思辨过程。书里源自现实的那些伦理情境，带我沉浸到各种难以轻易分辨黑白对错的管理决策，也是人生选择中。在决策与选择时，我们如何面对人性、社会、动机、后果的复杂性？如何面对做出决策后的自己？

　　[一]　原题为《大学之道 在明明德》，系杨斌教授为《你知道我的迷惘——商业伦理案例选辑》（钱小军、姜朋主编，清华大学出版社 2016 年版）所作序言，有删节。

　　[二]　本书中文版已由机械工业出版社出版。

"400年间的动荡万变浓缩在了40年之中",在当前急速转型的社会,是非判断几乎是缺省的,功过计算取代了是非判断,是非甚至没有得到被讨论的机会。"小孩子才分对错,成年人只看利弊",俨然成了"某种看透一切后的成熟、世故"。

也正是因此,伦理教育越发凸显出它作为大学所承担的对社会、对民族的重要责任中应当发挥的关键作用。这里说的不是伦理课,而是伦理教育,是"在明明德"的教育中理应位于其核心的道德思考与实践。

伦理教育,当然应该从小抓起,"扣好人生的第一粒扣子",但大学教育,尤其是中国的大学教育,在"树人"方面更是关键——离开了父母氛围后的群体生活、更为社会化的环境、更有挑战性的人生选择与决断,不能也不该埋怨之前的伦理教育有何不足,或者校园于社会中"安静下来"与"纯净上去"之难,而只该有担当起自己这部分责任的坚定勇敢。

大学中的商业伦理教育又仅仅是伦理教育中的一部分。但因为在今天的中国社会,企业及其经营者的作用举足轻重,而距离社会整体对其的信任期望值又较远,所以,得急用先学。2008年12月,在联合国总部,我很荣幸能够作为亚洲管理教育界的代表,在首届负责任管理教育原则[1](Principles for Responsible Management Education,PRME)国际论坛上向联合国秘书长潘基文以及国际组织代表倡议,在各国各地都要加快促进商业伦理和社会责任教育。这些年来,不管是在教学过程中，还是在清华大学经济管理学院的教学改革中，包括在教指委的服务岗位上，对伦理教育的探索与推动成了我的一个"执念"。在大家的共同努力下，2010 年，清华大学经济管理学院率先将商业伦理课程作为必修课纳入 MBA 学生的培养方案；2014 年，清华大学开始在工程和专业教育中全面融入伦理教育，新入学的研究生至少要修读一个学分的职业伦理课程，各院系名教授担纲建设开发伦理课程。在清华大学，作为价值塑造载体的学术规范和职业伦理教育课程，希望通过学习和探讨，促进学生对复杂实践问题的思辨，培养学生养成伦理意识，增强其社会责任感，在面对学术或职业伦理困境时做出负责任的价值判断和选择。这些努力，只能说是刚刚起步，但迈出了可喜的第一步。

但，伦理课，不好教。

比如，在 MBA 课堂及其他专业教育中，我曾观察到好不容易开起来的一些伦理课程却走向了"知识化""理论式"的教法，"伦理课"变成了"伦理学课"。一张张 PPT 向学生传授了很多伦理学的知识，期末考试记背的工作量不小，课堂内外却并没有多少让学生去反省与审视自己价值选择和行为的机会。课一门一门地开出来，一节一节地教下去，但从某种角度看，这样的"伦理课"摆脱不了失败的命运。我想，伦理课的开设目标并不是要把学生变为伦理学的知识理解者、学术研究者，而是伦理的思考者与行动者。在这样的要求下，教法该是如何？教师又该是怎么样的角色呢？这是很值得我们一起探讨的关键问题。

我的体会是"师如何教，亦师所教"（How we teach is also what we teach），但对伦理课而言，是"师如何教，诚以载道"（How we teach defines what we teach）。

下面这些想法，与各位读者分享，不成体系，请教于大方。

在伦理课堂上，教师不是聆听告解的牧师，也不是专门的思想政治工作者。他不是圣人（谁是），不是一个知识的灌输者、法条的解释者、复杂计算的简化者，而是一个启发者、引导者；他不是一个道德裁判者，而是一个道德探讨者。在教与学的过程中，教师经常通过询问、诘问、设问、反问、自问，通过充满伦理挣扎的案例，让尽可能多的学生参与、代入，帮他们厘清自己的伦理思维框架，提升他们的批判性思维，培养他们的道德敏感性与理性的驾驭能力。

称一个伦理课老师为"名嘴"，对他来说恐怕该是批评了，我想。因为这称呼暗示着课堂上没有给学生足够的（甚至是主体的）课堂讨论时间（air time）；一个人的娓娓道来和几个人的唇枪舌剑，也许能够带来一个繁荣热闹的课堂景象，却不是伦理课所希望的。

伦理课上的主角不是科学，而是直指人心的人文。它不是利益的权衡取舍，而需要逼问作为一个"人"，一个有"灵"、有"魂"、有敬畏的完整的人，在开放的情境中所面临的那些两难、那些挑战，究竟意味着什么？伦理教育强调的是实践的智慧，没有放之四海皆准的答案，很多时候也很遗憾地没有中国同学和老师都喜欢孜孜以求的两全之法。

以自己有限的一些教学经验，我体会在中国的伦理课堂上，教师尤其需要警惕以下几种情况。

教师在课堂上，在与学生讨论的过程中，有些时候很可能是个角色扮演者，比如扮演富有逻辑、立场鲜明的反方——魔鬼的代言人，去试探那些学生轻易得出的结论的可靠性、完备性、一致性。但是，在中国传统文化中，教师这个身份天然带有"传递真知"的光环，一定要注意，教师对这些不坚定思考的试探过程中的"断言""结论"，有可能会被当作"来自老师的"真理而被记录、传播并引用。

很多同学在真实伦理案例探讨的最后，很希望知道现实中的结果。如果碰巧此案例因果有报、惩恶扬善，那教师更要小心如何发布这些事实，并引发新一轮的思考。我个人的体会是，某种兴高采烈的"果然如此"，容易导致简单的因果论、短期的功利循环。如果案例结果与教师自己的价值观、是非观吻合，那么讲台上的教师就更要警惕结论的给出，简单因果的判定——好莱坞剧情式的课堂虽然爽，却无助于（甚至有害于）引发学生进一步思考，帮助他们面对真实生活中残酷的现实和复杂的挑战。

在其他学科的课堂上，课程结束时教师的总结能够帮助学生提升对知识框架的掌握，在伦理课上却存在很多隐忧。在伦理学的课堂上，以绝对正确者、标准答案提供者角色出现的教师恐怕是失败的。带着预设的结论去教学，会伤害伦理课堂上教与学双方的健康关系，影响伦理探讨的成效。具体的一个体现就是，你事先准备好的作为结论部分的PPT。当灯光暗起来，幕布降下来，PPT放出来，学生开始记笔记时，我多少会觉得前面那些丰富的、激发性的讨论被腰斩了。教师该做的也许是提出更深层面的问题，让学生欲罢不能、欲辩还休，激发他们将思想火花带到课堂之外，延伸到生活当中。

在我看来，也许更成功的伦理教学是下面这样的。

课堂上，学生是活跃的、有机的参与者，是主动的思考者。思考本身就是这门课程最重要的目的，而不是某些答案，或者某个理论。看似简单的思考，最难也是最需要的是形成"下意识的"习惯。要认真负责地工作与生活，首先要认真负责地对看似简单的道德问题进行深刻的探究与思索。如果学习者不曾在一堂伦理课结束后扪心自问，不曾在深夜想起课上所学而辗转难眠，那么这堂课在某种意义上就不能算是有效的、成功的。

知行须合一。伦理课堂上的学习者同时也是实践者。没有实践的思考，会沦为思辨娱乐分子，课堂上的一切都只会成为学习者的谈资而已。在多年的伦理教学中，我尝试在课堂中应用相当多的案例学习、行动学习，让学习者去思考他们自身，乃至所在的组织、社会和世界所面临的严肃而重要的伦理问题，了解其他人所处的窘境，更促使他本人面对自身的窘境——直面艰难的选择，意识到问题的存在，意识到他在弹指间做出的决定，可能会给其他个体，甚至许多人带来重大的影响，而造成难以弥补的后果。课程结束后余音绕心，课堂上的讨论与思考使学习者能够严肃对待自身家庭、工作等复杂人际环境中的行为选择，这样的伦理课才可以说是成功的、有成效的。

二、挑战智识犬儒主义[⊖]

我参与"伦理与企业责任"课程讲授的最初目标是希望让学生养成分析思考后再做出选择的习惯。现如今的年轻人往往没有这种习惯，遇到伦理挑战时就采用随大流的做法（follow the crowd），过的是不假思索的人生。这也怪不得他们，因为从小学到大学，他们大多受的是灌输式而非启发式的教育，服从与接受是这种教育的自然结果，加上在当今社会，生活与工作的节奏太快，他们停不下脚步来思考，更不要说思考是沉重

⊖ 原为钱小军教授为《你知道我的迷惘——商业伦理案例选辑》所作的跋，有删节。

而痛苦的，不假思考，生活会轻松很多。

我们试图从利益相关者（直接的、间接的、显性的、隐性的等）、所有可能的伦理选项、各种选项的可能后果，以及短期与长期利弊的比较等角度，在课堂上通过诘问的方式，引导和推动学生开展热烈的讨论。我们希望通过这门课程，启发学生们了解，无论是在商业活动中还是在日常生活中，选择和决策常常涉及伦理挑战；他们应当能够认识到他们的选择或决策可能给各相关群体带来的影响；能够深入自省看上去似乎合理的说法和内在的价值观；能够应用适当的伦理分析框架分析伦理问题并做出适当的选择。

我们的课程得到学生们的普遍好评，取得了一定的效果。很多学生课后表示：遇到问题知道思考了，常常很纠结，现在"觉得生活没有以前那么轻松了""未来工作中遇到伦理选择的挑战时，学过的案例就会出现在我的脑海中，提醒我不能不假思考地做出选择"。

但是，渐渐地，我们发现了一些问题……

（一）教育与社会，到底哪一个的影响更大

正如徐贲在《当代犬儒主义的良心与希望》[2]一文中所指出的，当下的很多年轻人"对现实秩序和游戏规则有着一种不拒绝的理解、不反抗的清醒、不认同的接受、不内疚的合作"。

"老师，整个社会就是如此，我们能怎么样呢？"

在对员工实施末位淘汰的企业中，在面对绩效可能排在末位和采用"不伦理"方式可以完成任务、成功逃离末位的两难情境时，员工们会如何选择？在教书育人的大学里，在发表文章的数量和质量与职称晋升直接相关，而授课效果不太差即可的情况下，"为人师表"的教师会如何选择？很多人都说"理想很丰满，现实太骨感"，我们的课程带给学生们的影响能否抵抗现实给予他们的压力？换句话说，教育和社会，到底哪一个对学生的影响更大？作为教育工作者，我们的努力能否跑过社会现实对学生们的影响？

惠普前总裁兼首席执行官、曾任 eBay 公司总裁兼首席执行官的梅格·惠特曼（Meg Whitman）在 2010 年出版了《价值观的力量》（*The Power of Many: Values for Success in Business and in Life*）一书。我觉得书名翻译得特别好，翻出了积极的含义。要是我，很可能会直译成"人多力量大"，而这样的翻译就存在"仁者见仁，智者见智"的不同含义——"the power of many"就是社会的力量，是很难改变的，不是吗？

（二）面对成年的学生，影响他们的价值观是否已经不可能

我们所面对的学生是平均有 6 ~ 8 年工作经验的 MBA 学生，他们往往显得更"实际"一些，他们的伦理思考往往走的

是"目的论"或称实用主义的思路。我常常问自己："对于这些 MBA 学生，我们还能不能以及如何影响他们的价值观？塑造他们的价值观是不是一个完全不靠谱的目标？"

认知心理学认为，人们一般靠直觉做出选择，然后用分析来寻找支持自己选择的证据。其实，学生们在面对案例所提供的伦理挑战面前，往往也是靠直觉（或者本能）做出选择的，后面的理性分析都是在为自己当初的直觉选择"辩护"。所以，光是帮助学生们学会在伦理困境面前进行分析和思考还不够，还应当努力改变他们做出判断的直觉基础。我感觉困惑：如果仅是启发学生们思考和分析，而无法影响他们的直觉基础，我们的教学还有什么用处？我们能否且该怎样影响及改变他们的直觉基础呢？这项任务实在太艰巨了吧？

经过这些年在教学过程中的思考和实践，我和我的同事逐渐体会与认识到，改变直觉基础不是老师们能够做到的，那只能是学生们自己才能办到的。我们能够做的不仅是推动和帮助学生们学会思考和分析，更重要的是要让学生们学会和养成反思的习惯，因为只有学生们自己养成反思习惯才有可能改变他们关于伦理困境做出选择的直觉基础。从此，帮助学生们养成反思的习惯，就成为我们"伦理与企业责任"课程的重要目标之一。

还有一点体会也特别重要，那就是面对伦理挑战的时候能够做出负责任的选择并不是最终的目的，更重要的是怎样在适当的时间、适当的场合，以适当的方式，向适当的对象表达自己的价值主张。这就是美国巴布森学院（Babson College）玛丽·金泰尔（Mary Gentile）教授主张的"正义不沉默"（giving voice to values），即不仅是伦理认知与选择，更重要的是如何做。[3]关于这一点，我们还在学习和摸索，也希望全国商学院教授"伦理与责任"课程的老师们与我们一起思考、实践。

第九章

伦理课怎么教

案例教学法的有效运用[⊖]

杨斌　姜朋　钱小军

随着越来越多的专业学位教育开始提供职业伦理方面的课程，[1]职业伦理课该如何教的问题也逐渐凸显出来。要对这个问题做出回应，首先需要追问职业伦理课的教学目标是什么。在明确教学目标后，厘清所要采用的教学方法和教学工具，同时明确学生和教师在教学环节的角色定位。

一、职业伦理课的教学目标与教学法的取舍

（一）职业伦理课的教学目标及其对教学法的要求

在知识谱系上，职业伦理（professional ethics）可以归为

⊖　原题为《案例教学法在职业伦理课上的运用》，发表于《学位与研究生教育》2019 年第 12 期，第 36 ~ 41 页。

伦理学的一个分支。伦理学和逻辑学、认识论和形而上学一起构成了哲学的核心领域。[2] 只是职业伦理还达不到形而上的哲学层面，其更关注形而下的实践或行动，即将一般伦理学（包括描述性、规范性以及元伦理学）应用到特定领域，以解决具体的问题。[3]

不过，职业伦理课程的目标又不应是为学生提供一个个具体的职业伦理难题的解决方案。作为价值塑造的一个环节，职业伦理课是要帮助学生"正心""诚意"，使他们在面对纷繁的职业场景中严峻的职业挑战时，能够在自己的头脑中绷紧职业伦理这根价值观层面的弦儿。

价值塑造是一项长期且极具挑战性的工作。说长期，是因为人生漫长，学无止境，应当"活到老学到老"。而外部环境又总在变化，人在人生的不同阶段面临的问题各不相同，人的思想、价值取向也容易发生变化。因此，对于价值塑造，绝无一蹴而就、一劳永逸之说。说挑战，是因为实质上，这是一项人的工作，是关于人的思想的工作。孟子讲："君子深造之以道，欲其自得之也。"[4] 思想工作讲究的是"外因要靠内因起作用"，需要学习者的参与、配合，仅凭教的一方有热情是不够的。而如何调动起学的一方积极主动参与恰是难点所在。

要调动起学生的参与热情，讲好职业伦理课，就必须力戒说教。毛泽东同志在谈及党的宣传工作时曾说过，"空洞抽象的调头必须少唱"[5]。这对于职业伦理在课堂教学中落实价值塑造目标无疑具有指导作用。尤其是，他所批评的若干现象，恰是课堂教学中需要特别注意的。具体来说，就是要避免"空话连篇，言之无物"，力戒"装腔作势，借以吓人"，防止"无的放矢，不看对象"，绝不"甲乙丙丁，开中药铺"。[6]这就是要求言之有物，以理服人，切中学生的"痛点"，不做泛泛之论。

(二) 职业伦理课的教学法

需要承认，教学离不开教者的言说，因此不应轻易否定言说（讲授制或讲座制）的价值。事实上，讲授（座）制下，也有优秀的教者会带来近乎完美的阐释。美国哈佛学院前院长哈瑞·刘易斯就说过：讲座制可以产生协同效应，"激发学生的灵感，提供指导，进行综合化教学，只有那些高屋建瓴的教师，才能驾驭这样的课堂环境。"[7]显然，讲授制自身还是具备自身价值或优点的。

讲座制曾经，并将继续体现其巨大的实用和经济价值。讲座制能适应大批量培养学生的需要，并且容易被"复制"。特别优秀的教师能同时给许多渴望知识的学生上课。年纪小的或知识准备不足的学生也喜欢讲座制，因为这样上课时他们不必太费力气，还可以避免答不出问题的尴尬。[8]

大学的任务不仅包括生产知识，向年轻一代传授知识，还包括整合知识，而出色的讲座课程能够同时做到这三件事。从教育意义上讲，讲座确实与小班教学大相径庭，但前者的档次并不低于后者。[9]

不过，对职业伦理教育而言，讲授制的最大问题在于，教师在课堂上的言说极容易成为学生眼中的"知识点"，使他们需要在头脑中重构、还原类似的"知识"体系。诚然，完整的理论框架对于相当数量的课程来说是必要的，但对于职业伦理这样的涉及价值塑造的课程来说则不必然。伦理学使用的诸如"好坏""善恶""是非"等概念也是日常生活中的语汇，并且人们通常能够发表一些自己的看法，尽管"在一些重要和根本的道德问题上，我们看到仍然是众说纷纭"[10]。大学的职业伦理课，其目标不是要将学生"从一个没有道德的人变为有道德的人"，而是希望帮助学生"思考道德问题并能令人信服而有效地论述他们（的）道德观"。[11]

不仅如此，讲授制的风险还在于，一旦教师及其言说成为课堂的主导，势必使学生沦为单纯的被动接受者。[12] 这不仅明显不符合伦理选择需要由选择者自主、自由、自律做出的特点，过多的外部宣教也极可能引起听者的逆反，给原本可以发挥一些效用的言说、讲授贴上"说教"的标签而加以拒斥，从而导致伦理教育的目标落空。

拉德布鲁赫说，"伦理规范具有这样的特点：它们对每一个人是有所分别的，只在一点上相同，即它们要求每个人都要成就其还没有成就的东西。伦理规范的含义是指：每个人应发展潜藏在人性中的一切可能性，进而成为一个尽可能纯粹的人。"[13]而在职业伦理课上，面对"三观"已经成形的成年学生，"现实主义者都会承认，如果成人缺乏外界的条件和设备，很少有人能做得出色。日常的工作、休息以及轻松的娱乐活动阻止了他们的进步。如果不能诱人地或反复地邀请成人学生去开启新兴趣或激活旧的兴趣……就不能对他们的成长期望太多。"[14]案例教学恰好有助于完成这样的任务。

相较于单向度的教师讲授，案例教学有助于实现师生之间、生生之间的多维互动。课堂上围绕案例展开的讨论可以容纳学生不同的观点，激发其持续学习的热情。如果说单纯讲授是教师在给学生喂饭（填鸭），那么案例教学则是请学生吃自助餐——自助是说食材就在那里，仁者见仁智者见智，学生可以各取所需，"吃"就指需要自己动手（也动嘴），而不是等人来喂。有人概括说案例教学能培养学生八个方面的技能，分别是分析技巧、做出决策的技巧、应用技巧、语言沟通技能、时间管理技能、人际交往或社交技巧、创造力、书面沟通技巧。[15]可以实现一举多得，事半而功倍。

同时，采用案例教学法也可以有效避免教师一言堂、唱独角戏，有助于改变学生对于价值塑造类课程就是单方说教的刻板认知。对于有一定工作经验的学生，阅读案例可以唤起其过往的记忆，触类旁通，引发更为深入的思考。对于缺乏工作经验的学生，案例教学也是有益的。王小波说："痛苦是艺术的源泉，但也不必是你的痛苦……别人的痛苦才是你艺术的源泉。"[16] 同样，学习别人的故事，分析其面临的难题，假想作为他进行选择，并评价该选择的优劣，能够拓展学生的视野，增进其对特定行业、组织及职业的了解。

案例教学法对教师也具有补益作用。前引刘易斯院长关于讲座制的论断中，那句只有"高屋建瓴的教师，才能驾驭"的限定条件值得引起重视。与教师充任主角的讲座制（teacher-centered approach）相比，案例教学（active learning approach）要平易许多，尤其是对缺乏实务经验的教师来说，使用教学案例堪称补拙、构建同有经验的学生对话平台的好办法。即使是经验丰富的教师，也可以通过案例讨论从学生那里学到很多，正所谓"教学相长"。[17] 此外，对由多位教师开设多个平行课堂的课程而言，案例教学也有助于采用共同的教学方案，从而取得授课内容、风格乃至价值取向上的一致。

二、职业伦理课教学工具的取舍与使用

（一）教学案例与教科书

一般说来，在讲授（座）制下还需辅以教科书。而在案例教学中，虽不排斥教科书，但排在首位的教学工具是教学案例。

在讲授制下，采用或依赖教科书进行教学，教科书的叙事框架、内在逻辑可能制约教师在课堂上的节奏安排，教师需要认真考虑前后章节之间的关联以及其对课程进度的影响。选择以教科书作为教学的脚本，某种程度上也就是在通过教师之口重述教科书作者的"知识"，帮助学生在头脑中重构类似的"知识"体系。一般说来，辅以教科书的讲授制教学法更适合于知识传授。但对以价值塑造为己任的职业伦理课而言，这样的教学方式则易给学生留下说教的印象。梅贻琦校长在其就职演说中谈到了知识传授和精神修养的区别："我们的知识，固有赖于教授的教导指点，就是我们的精神修养，亦全赖有教授的 inspiration。"[18] 显然，前者靠指点，后者靠激发，不尽相同。因此，在职业伦理课的教学中不能简单套用知识传授过程中采取的教学手段和工具，至为明显。

当然，在讲授制下，教师也可以在课上进行举例，但这里的"例子""例证"只是演绎推理中的第二步，重点还在于印证知识点，证明观点。而教学案例，顾名思义就是为了进行案例教学而编写的案例，通常有人物、时间、场景和情节，还会有与案例情节契合的知识点和决策问题。案例教学就是教师在课堂上带领学生就案例涉及的行业、企业、人物所面临的特定情境下的决策问题做出判断和选择。

值得注意的是，教学案例内部类型复杂。按照资料来源，其可以分为基于企业实地访谈撰写的案例、基于公开资料写成的案例（图书馆案例）、基于学生自身经历写成的案例，以及特定情况下的虚拟案例；按照叙事的风格，可以分为示范榜样型案例、说明评价型案例和决策问题解决型案例。[19] 在后一种分类中，案例中主人公选择的清晰度渐次减弱，同时案例作者预设的评判色彩也随之消减。在示范榜样型案例中，主人公已经做出选择，否则就不称其为示范，而其既然被称为示范，也就暗含了作者推崇、赞许希望别人学习的意思。说明评价型案例中也会有主人公的选择，否则评价就失去了对象，只是此间作者并未预设评价是非的标准，因此读者既可以肯定也可以否定。决策问题解决型案例则更为中立和开放，决策点摆在那里，但不会在案例中提示主人公做出了怎样的选择，也不对各种选择的优劣提出评价，而是把选择权交给读者（学生）。因此，示范榜样型案例和说明评价型案例很适合作为讲授制下契合教科书叙事的例证，为证实某种理论、原理的正确性而使用。决策问题解决型案例通过提示具体决策过程中涉及的难题与可能的选择，帮助学生在课堂上构建起一个实践或实务平台；其中的矛盾、纠纷、困扰等冲突性的安排会增强学习的代入感；其开放性也有助于激发学生产生不同的想法，发出个性化的声音，从而推动课堂辩论的进行。正是在此意义上，职业伦理课选用教学案例时，应当首选决策型教学案例（教授具有实践经验的学生时更是如此）。当然，评价型案例的使用效果也与教者如何提问有关。

（二）案例教学课堂实践

需要明确，教学案例不等于案例教学。采用好的教学案例并不必然会带来好的课堂教学效果，关键的一点是教师如何提问。微信朋友圈中不时被转发的一篇关于小学老师讲《灰姑娘》的段子[20]就提供了绝好的例证，同样是学习童话故事，两位教师提出的问题以及提问的角度却完全不同。

教师甲的问题：

1. 《灰姑娘》是《格林童话》还是《安徒生童话》中的故事？它的作者是谁？哪年出生？作者生平事迹如何？

2. 这个故事的重大意义是什么？

3. 谁先给分个段，并说明一下这么分段的理由？

4. 这句话是个比喻句，是明喻还是暗喻？作者为什么这么写？

5. 这个词如果换成另外一个词，为什么不如作者的好？

6. 这段话如果和那段话位置换一换，行不行？为什么？

教师乙的问题：

1. 你们喜欢故事里面的哪个人物？不喜欢哪个？为什么？

2. 如果在午夜12点，辛德瑞拉没有来得及跳上她的南瓜马车，可能会出现什么情况？

3. 如果你是辛德瑞拉的继母，你会不会阻止辛德瑞拉去参加王子的舞会？

4. 辛德瑞拉的继母不让她去参加王子的舞会，甚至把门锁起来，她为什么能去，而且成为舞会上最美丽的姑娘？

5. 如果狗、老鼠都不愿意帮助辛德瑞拉，辛德瑞拉可能在最后时刻成功地跑回家吗？

6. 如果你们当中有人觉得没有人爱，或者像辛德瑞拉一样有一个不爱自己的继母，你们要怎么样？

7. 这个故事有什么不合理的地方？

其间高下，判然有别。《灰姑娘》作为一个童话故事，有人物、有情节。根据前面对教学案例的介绍，其至少也可以算作一篇示范榜样型案例。从教师甲的表现来看，其试图让学生记住诸如作者是谁、国别为何、故事出自哪里之类的确定的"知识"；同时，引导学生反复对故事进行语义分析，显然是希望后者以此作为学习写作的参考、范文，其背后则是将既有文章的写法当作一种确定的、可以并需要加以传授的"知识"对待的潜意识。

教师乙只是把故事当作开放讨论的素材。相对于故事里讲了什么，学生的思考更重要，这种思考虽然根植于故事文本，却需要自己独立做出分析，答案不在文中，而在每个人的心中（头脑中）。事实上，在前述网传的段子中，教师乙每次在学生作答之后都会有一番点评，归纳提炼学生的发言，提醒学生注意一些人生道理，诸如："你们一定要做一个守时的人""你们每个人平时都打扮得漂漂亮亮的，千万不要突然邋里邋遢地出现在别人面前""继母不是坏人，只是她们还不能够像爱自己的孩子一样去爱其他人的孩子""无论走到哪里，我们都需要朋友""要爱自己""就是伟大的作家也有出错的时候，所以，出错不是什么可怕的事情"……显然，教师乙选择将《灰姑娘》故事当作说明评价型案例来处理。针对小学生这样的受教育群体，这样的互动安排是适合的。如果针对的是领悟力更强的学生，也可以让他们自己归纳总结，提炼结论。

同样一篇教学案例（阅读材料），可以因使用方法的不同而产生不同的教学效果。这一方面说明了前述教学案例的分类并非绝对，另一方面说明了提问方式及具体问题选择的重要性。

康德将教师的授课区分为讲授式和询问式两种。询问式授课又分为"向学生的理性提问"和"向学生的记忆提问"两种。后者即问答式的教学，前者则旨在"开发学生心中对某些概念的禀赋""引导学生的思想进程"，因此这时教师要扮演"学生思想的助产士"的角色。

陈述要么是讲授的，因为它所遇到的所有他人都纯然是听众，要么是询问的，在报告中教师问他的学生他想教给他们的东西，而且这种询问的方法又要么是教师向学生们的理性提问，要么只向他们的记忆提问，是问答的教学方式。[21]

如果有人想向他人的理性提问某种东西，那就只能以对话的方式进行，亦即通过教师和学生互相交替提问和回答来进行。教师通过提问，通过提出事例来仅仅开发学生心中对某些概念的禀赋，而引导着学生的思想进程（他是学生思想的助产士）；此认识到自己有能力思考的学生，通过其反问（关于晦暗不明的东西或者与已被认可的原理对立的怀疑）促使教师按照 docendo discimus（在教学中）来自己学习他必须如何恰当地提问……[22]

课堂环节不一定因为教师选用了教学案例自然而然地成为案例教学。事实上，讲授制甚至说教模式仍有可能潜入使用教学案例的课堂。

三、对学生的定位

在前例中，两位教师不只是提问的方法不同，其对于学生的定位或预判也有差别。把故事当作完备而闭合的文本，教授确定知识点的教师甲，其在提问的同时也传递了一种教育理念：我比你知道得多；知识须经我之口传授给你；我说、你听、你记，我会考……而教师乙只把故事当成一个背景，容许并带领学生进行开放的讨论。其更关注的是听者的看法，以及其背后独立的分析判断，而不只是复述故事的内容，或者背诵某些句子和段落。其秉持的一个基本判断是：我认为你知道一些我没想过的东西。这种教育理念无疑更契合职业伦理教育。

诚然，由于年龄、阅历的原因，很多时候，教师在知识占有方面的确比学生更有优势，这一点在基础教育阶段尤为明显，但在高等教育尤其是研究生教育阶段，学生在知识储备或阅历见识上未必一无是处。1000 多年前，韩愈就明确阐释过"闻道有先后，术业有专攻"，故"弟子不必不如师，师不必贤于弟子"[23] 的道理。而今，互联网极大地便利了信息的获取和传播，加之学生已然成年的事实，若再小觑学生的智慧与经验，未免有自欺之嫌。

退一步，假使学生所知无多，教师就能向其传授"全部"的"知识"吗？有学生向孔子请教农耕种菜之事，孔子坦陈自己不如老农、老圃。[24] 由此看来，教师有知识盲点本属正常。那种认为教师可以教给学生全部知识的观点并不客观，其夸大了课堂教学的功能，却忽视了课堂教学在时间上的局限性。更重要的是，其不恰当地抱定了存在一套既有的、完备知识的前设，而无视知识会发展、更替的事实。同时，其也未厘清课堂学习与课外阅读（教师与教科书）的关系。

过度强调以教师为中心的讲授容易损害学生自我学习的能力，并削夺其相互学习的机会。如果教师所讲全部都是教科书上的内容，学生课下只是重复阅读，就不会带来知识的增量。然而如孔子所言，"三人行，必有我师焉"[25]，除了跟从教师在课堂上学习以外，学生之间是存在互相学习的需要和可能的。

这里有必要重温一下《哈佛通识教育红皮书》对教育目的的表述："教育的首要意义是自我教育，而学校的目的是使学生懂得如何自我教育，并节省他独自探索的时间。教学的目的是帮助学生获得自学所需要的独立性、自由探究的好奇心和坚持不懈的精神。"[26] 有人说："领导者的作用就在于把多数人的积极性充分调动起来并合理发挥出去。领导者的积极，归根结底是为了使更多的人积极，如果领导者的积极带来周围的人都不积极，这个积极就值得怀疑，这个积极就不如不积极。"[27] 只要把"领导者"换作"教师"，上述论断就完全可以用于对教学环节的评论。

四、教师的角色

在明确了教什么和怎么教之后，教师在职业伦理教育中的角色也就确定了。讲授制下的教师看起来更像是布道者，甚至会成为独角戏演员，学生则是观（听）众。而在采用案例教学（或苏格拉底教学法）的课堂上，学生需要充分参与到课堂互动中来，因此呈现出明显的双主体效应。教师显然要扮演比在讲授制下更多的角色：首先是编剧——准备案例，阅读材料，布置思考题；然后做导演，邀请学生作为演员一起（是学生一起，而不是个别学生）参与演出，把握情节推进的节奏，遇到学生离题"跑偏"时，要及时叫停、纠偏，使讨论回到主题上来；还得不时"客串"一下演员，尤其是在冷场时，其要"帮衬""暖场"，甚至"救场"。"在苏格拉底式教学法中，教师是大课堂上注目的中心，是各种观点赖以产生的焦点，教师是推动整个班级前进的智力发动机。"[28] 当然，这并不是要否定学生的主体性。事实上，教师还有一个角色，就是作为"观众"观察学生们的表现，同时也观察自己的作品。

著名戏剧理论家斯坦尼斯拉夫斯基曾将演员创造戏剧角色的过程分为认识、体验、体现和影响四个阶段。[29]

在认识阶段，在演员接近角色这一极为重要的过程中，斯坦尼斯拉夫斯基让想象起决定作用。借助于创作想象，演员就能以自己的虚构证实并补充作者的虚构，在角色中找到与自己的心灵相通的元素。从分散在台词中的种种暗示出发，演员再创造出角色的过去和未来，这会帮助他更深刻地理解和感觉角色的现在。创作想象的工作在演员心灵中引起热烈的反应，逐渐引导他从旁观者的立场转移到剧中所发生事件的积极参加者的立场上来。他开始同剧中其他人物进行想象中的交流，力图理解他们的内心气质，他们作为局中人的自己的态度，最后，也是最重要的，自己对这些人物的态度。斯坦尼斯拉夫斯基断言，这种对想象中舞台对象的感觉会帮助演员"存在""生存"于所创造的剧本生活情境之中。[30]

　　与之相比，案例教学有很多类似的地方。为了发挥并保持学生的主动性和创造性，教师需要准备恰当的教学案例，[31] 以便学生能像演员阅读剧本一样阅读，并将自己代入案例情境，把双脚放进主人公的靴子里，"投入地爱一次，忘了自己"，身临其境、设身处地，不能自拔。能使人"入戏"的案例，其涉及的伦理选择需要具有一定的普遍性。案例中搭建的组织及其业务、工作、风格等场景能够让学生产生似曾相识之感，讨论中所展开的伦理冲突与选择的纠结能够在学生心里产生强烈的共鸣，[32] 从而让课堂的讨论学习真正触动学生的内心，让有关职业伦理的话题入脑、入心，让学生思之、辨之、言之、问之，更重要的是，行之，再思之……为此，教师还需要提醒自己，对于教书育人，对于价值塑造这样重要而长期的工作，必须"不凭主观想象，不凭一时的热情"[33]，更不应急于求成。奢望通过一门课甚至一堂课就根本解决学生的价值观问题，"毕其功于一役"，并不现实。

第十章

个例解析

清华大学经济管理学院 MBA "伦理与企业责任"课[⊖]

杨斌　钱小军　姜朋

一、缘起

清华大学经济管理学院（以下简称经管学院）开设有关伦理方面课程的历史可以追溯到 2002 年的本科选修课程"信息管理中的伦理选择"。该课后来更名为"组织决策与个人成长中的伦理选择"和"批判性思维与道德推理"。[1]

2006 年，经管学院第一次进行国际商学院联合会[2]（Association to Advance Collegiate Schools of Business,

---

⊖ 原题为《经管学院建设 MBA "伦理与企业责任"必修课程的经验与思考》，发表于袁驷、郑力主编：《创新教育模式、激发学术志趣、提高培养质量：清华大学第 24 次教育工作讨论会文集》，清华大学出版社 2015 年版，第 582～587 页，有修改。

AACSB）认证时，认证标准中有关于商业伦理教育的要求。由于当时还不具备大规模开设独立课程的条件，只在商法、会计、营销、金融和人力资源等 MBA 功能课程中增设了与伦理相关的环节。

2009 年 10 月，经管学院第十次顾问委员会会议上，一些委员建议学院增加伦理和企业责任方面的课程。会后，还有委员就这一提议专门给学院写信。

此前，学院已选派教师赴麻省理工学院斯隆管理学院、哈佛商学院进修相关课程，并邀请斯隆管理学院和哈佛商学院的相关教授来院讲学和交流。[3] 比如，2001 ～ 2010 年，麻省理工学院斯隆管理学院的高级讲师利·哈佛瑞（Leigh Hafrey）先生几乎每年都到清华大学给 MBA 上商业伦理课。[4] 其后，又在院内召开了相关课程的建设研讨会。[5]

2010 年秋季学期，"伦理与企业责任"课程正式推出，成为经管学院 MBA 软技能课程模块中的又一门必修课。截至目前，参与授课的教师已由最初的 3 位增加到 6 位。

MBA 软技能课程总的目标是使学生"了解未来领导者要面对的复杂环境与挑战，以及需要具备的素质和能力"，着重强调对学生能力和品格的培养。作为实现上述教育目标的重要支撑课程，"伦理与企业责任"课程旨在"探讨公司和领导者所面临的伦理挑战和责任担当，重视不同选择带来的启示和反思。这门课的教学目的主要是通过案例展开学习，使学生在面对多重选择时能够分辨并思考其中的伦理责任，严肃对待企业和个人的决策，考虑到这些决策可能造成的重大影响。"[6]

二、定位

（一）必修课

课程是1学分必修课，面向包括全日制、在职班和国际班在内的所有经管MBA学生，在第一学年开设。

之所以设定为1学分，主要是从课程建设的角度考虑的：开设1学分的新课相对于2个学分的课程而言，建设难度（如案例准备）要小一些；在采取小班授课的情况下，师资也相对充裕一些。同时，这样设计也为在适当时候增加课时预留了空间。

（二）研讨职业伦理问题

鉴于MBA是一个专业学位项目，学生职业取向以实务为主，加之学生入学前已有相当的工作经验，对商业环境、企业管理都有一定的感性认识，也可能遇到却未必意识到职业伦理问题的存在，或进行过正面的深入思考，而职业伦理问题又不可能有现成的、标准的、唯一的答案，因此该课程在定位上以启发学生自主独立思考为主，并不以系统讲授伦理学知识为主要目标，只是在案例讨论中适当地介绍一些有关伦理学的基础知识和理论。

当然，这样安排课程内容也与师资的教育背景有关。毕竟第一批担纲开设该课程的教师都不是专门研究哲学、伦理学的，在系统讲授伦理学知识的功底方面存在先天不足。

（三）具体教学目标

课程设定了四个教学目标，即帮助学生：①了解伦理问题的普遍存在性；②认识伦理是决策过程中需要考虑的一个不可忽视的重要维度；③思考作为一个个体或一个团体，应当为谁负责并承担哪些责任；④掌握用来反躬自省内在价值观和分析认识伦理挑战，从而做出决策或选择的分析框架或工具。

（四）案例教学

课程在教学手段上采用全程案例教学的方式。商业伦理教学案例通常是一个以管理为主线的真实故事，有人物、行业、组织，有职业场景和特定的伦理决策情境，具有实践性、趣味性和可辩论性。通过阅读案例，学生可以身临其境地感受到相关行业的具体环境和变化，同时有助于培养学生在复杂环境下进行分析、判断和决策的能力。课上的案例讨论则可让学生在思维碰撞之余有机会互相学习，同时可使学习过程变得生动有趣，从而激发学生的学习热情。

采用全案例教学的方式是由项目定位、职业伦理课程的特点以及学生的工作经历和职业诉求共同决定的。MBA 作为一种专业硕士学位项目，以培养学生直面具体问题的务实精神和着手解决的能力为宗旨，而案例教学正好可以满足这种需要。通过案例的阅读和讨论，教师可以有效地引导学生将自身代入案例勾勒的职业情境，站在主人公的立场上设身处地地思考所面临的伦理难题和可能的伦理选择。[7] 此间，最基本的教学目标不是系统而全面地向学生传授伦理学知识，而只希望能帮助学生真切感知职场中伦理问题的普遍性和复杂性，进而深入思考该如何看待自己、如何做出负责任的选择等问题。在这个意义上，案例教学相当于请学生吃自助餐（而不是填鸭式地喂饭）、吃饺子：学生需要自己动手、各取所需；需要咬开来看一看、尝一尝，才知道是什么馅。

这种教学安排不仅考虑了 MBA 学生均已成年且有多年工作经验的事实——2010 年经管学院入学的 MBA 学生平均年龄为 28 岁，平均工作年限为 5 年；2011 年，这两组指标分别上升到 30 岁和 7 年[8]，而且还对学生具有自主学习、领悟、判断及取舍的能力予以充分的承认和尊重，学生可以在课堂讨论中分享自己的经验和观点，并对自己未来职业规划及在具体情境下的伦理选择进行预判，从而有效避免了单纯由教师说教引起学生反感的情况。

此外，该课程还辅以一定数量的文献阅读和辩论、模拟听证等相关活动。事实上，由"伦理与企业责任"课程衍生出的商业伦理辩论赛、伦理案例写作赛等活动，已成为 MBA 学生校园生活的重要组成部分。[9]

三、课程设计与组织

（一）教师的准备

"伦理与企业责任"课程在开发初期就采用了课程组的形式，采用统一大纲、相同案例，小班授课，同步推进。为保证教学效果，还采用了听课、定期召开教学讨论会等形式，交流教学心得、收集学生反馈，并就课程规划、选用案例，以及新案例开发等进行研讨。

（二）选择话题与案例

全案例教学的前提之一是选择与课程主题相契合的案例。考虑到学生行业背景的多样性，以及企业利益相关者的多元性，课程按照利益相关者和行业两条主线选择确定每次课的主题和案例，尽可能使内容富于变化，以引起更多学生的共鸣和思考。该课程所选案例涉及的利益相关者包括公司股东、消费者、客户、职员、同事、上司、下属、自己、社会公益组织、各级政府，以及无言的动物与环境等。覆盖的行业包括制造维修业、咨询行业、金融业、互联网以及人力资源管理等。

早期课程所用教学案例大多是美国的。这主要有两个原因：一是开发中国本土案例需要时间的积累；二是中国本土的案例其素材大多为近期发生的（这与我国经济发展阶段和法律环境有关），如果学生已事先知道了后续的结果，其非常容易以结果替代分析，简单地以结果论是非，单纯地做道德批判，难以深度代入角色并换位思考，无法客观地分析和讨论当事人所处的特定情境，从而影响课堂讨论的质量和教学效果。

(三) 课堂规模

为配合案例讨论，这门课采用小班授课的形式。每个课堂学生人数控制在30人左右。这样可以最大限度地保证学生的参与和有效沟通。同时，课堂学生划分为五六个学习小组，以便开展相关讨论。

(四) 课前准备和课上角色

为了实现教学目标，也为了督促学生提前阅读案例，教师会提前下发案例及思考题，并要求学生每周课前按时完成并提交一篇案例阅读分析提纲；同时，鼓励有条件的学生在课前利用学习小组就案例涉及的问题展开讨论（在职学生完成这一要求有实际困难）。

在课堂讨论中，教师的角色相当于一个主持人，引导或逐步把学生带入案例勾勒的情境。同时，教师也是一位教练员，把"跑偏"的学生拽回到主线上来。

（五）课后作业

课后，学生会被要求完成并提交周记，记录学习心得。这样做意在养成学生反思的习惯，这其实是一项非常重要的能力。

（六）结课报告

课程结束时，学生要独立完成一篇以亲身经历或身边人的经历为题材的商业伦理案例，同时说明选择这一话题的初衷和自己经过写作所得到的感悟。教师也可以通过这个环节度量学生的学习效果。从这个角度看，这种设计也符合学校近来强调的"以学为中心的课程设计，以学生学习成效为导向的教育"的"目标—行为—效果"（objective-behavior-effect，OBE）教学模式。

（七）案例开发

为了推动课程的可持续发展，教师还在授课之余开发了若干教学案例，同时在学生撰写结课报告的基础上，从2011年起，连续举办"伟创力商业伦理案例写作比赛"，从中选出优秀案例，再由教师编辑、打磨，或收录于清华大学经济管理学院中国工商管理案例库，或结集成册出版。这些案例不仅在清华大学经管学院的"伦理与企业责任"课堂上使用，也对推动国内其他高校的企业伦理课程建设做出了有益的贡献。《你知道我的迷惘——商业伦理案例选辑》[10] 一书自2016年9月出版到2019年7月，已印刷7次。该书还被全国工商管理专业学位研究生教育指导委员会认定的企业伦理课教学大纲列入推荐书目。

四、评价

（一）成绩构成

案例分析提纲、课堂参与、周记提交情况以及结课案例的得分情况构成了学生最终的成绩，目前各方面所占比例分别是20%、30%、20%和30%。

须向学生明确的是，其拿到的最终成绩只是这门与职业伦理相关的课程的成绩，而与其自身的伦理道德水平并无必然联系。事实上，最终评价学生职业伦理水平的不应是一门课，而是其在未来职场中的每一次选择。

（二）配合国际认证实现规范化

同时，为了配合经管学院参加的国际商学院联合会认证，任课教师在评价学生时要注意符合认证所要考察的教学环节和相关评价标准（见附录 10A），同时做好相关证据资料的保全。

五、本章小结

《中共中央关于全面深化改革若干重大问题的决定》提出深化教育领域综合改革，要"坚持立德树人""增强学生社会责任感、创新精神、实践能力"。陈吉宁校长在第 24 次教育工作研讨会致全校师生的公开信中指出："增强学生的独立性和批判精神，使学生不仅在知识、能力层面不断提高，更要在思想、精神、素质层面得到提升，并以此探索以知识传授、能力培养和价值塑造'三位一体'的大学学习模式"[11]。其中的知识传授、能力培养和价值塑造与古人所说的"授业""解惑""传道"恰是一脉相承的。站在这样的高度来看经管学院针对 MBA 开展的商业伦理与企业责任教育，就不仅仅是为了满足专业人才培养的需求，也是大学树立新风、影响整个社会大环境、增强国家软实力的一个重要方式。

课程开设以来，学生的反馈正向而积极。[12] 2013 年 7 月，MBA 毕业生代表在学院毕业典礼上致辞时特别提到，她始终记得"老师在伦理课结束时对我们说过的一句话：'我希望你们能成为那样的人，下雨天开车的时候，不要把水花溅到路人的身上'""师长们严厉的教导背后，传递的是对我们成为'怎样一个人'的殷切期待""若干年后，你我可能都无法清晰地描述出在清华学到了什么，但你一定会同意我们在这里更加坚定了踏踏实实做事、清清白白做人的信念"。[13] 这是对这门课最好的肯定。

当然，多年的课堂教学实践使我们深刻地认识到，为了把我们的学生培养成"具有敏锐的社会责任和可持续发展意识"和"拥有正直品德和承担社会责任"[14] 的人，还有很多工作要做。我们需要始终保有与时代同向同行的意识，秉持"润物细无声"的姿态，更要有"功成不必在我"的精神境界和"功成必定有我"的历史担当。

| 附录 10A |

AACSB认证标准中与伦理相关的目标和子目标

4. 拥有正直品德和承担社会责任

4.3 具有敏锐的社会责任和可持续发展意识

测量目标	优	良	中	差	等级
识别与表述问题（选题适宜性）	选题反映作者对伦理或社会责任或可持续发展问题有很好的识别能力，并且能够对该问题用自己的语言清晰有条理地表述	选题反映作者对伦理或社会责任或可持续发展问题有较好的识别能力，并且能够对该问题用自己的语言进行比较清晰、有条理的表述	能识别选题中的伦理或社会责任或可持续发展问题，但是对该问题用自己的语言进行表述时，不够清晰、有条理	不能识别选题中的伦理或社会责任或可持续发展问题（选题不恰当）	

（续）

测量目标	优	良	中	差	等级
分析相关群体、选择与后果（相关群体、选择与后果分析程度）	能够列举全部可能的选择，并充分了解各种选择可能给各利益相关群体带来的后果	能够列举全部可能的选择，并对各种选择可能给各主要利益相关群体带来的后果有一定的了解	能够列举大部分可能的选择，并对这些选择可能给各主要利益相关群体带来的后果有一定的了解	遗漏某些重要选择，或对各种选择可能给各主要利益相关群体带来的后果缺乏分析说明，或若干主要利益相关群体在分析过程中被忽视或遗忘	
反思与认知	能够利用所学理论和框架，对案例中的伦理决策进行深刻反思和充分评价	能够利用所学理论和框架，对案例中的伦理决策进行比较充分的反思和评价	对案例中的伦理决策进行了一定的反思和评价	对案例中的伦理决策缺乏反思和评价，或者反思薄弱	

第十一章

个例解析

MBA 商业伦理课上誓言写作的实效评价[⊖]

杨斌　姜朋　钱小军

一、缘起

加州大学伯克利分校学术委员会主席克里斯蒂娜·马斯拉奇女士在清华大学的讲演中提出了一个发人深省的问题：作为教育者，"我们希望在毕业生身上看到什么"？[1]这个问题之所以重要，是因为其凸显了教育者的愿景，或说是对教育成效或教育目标的预期。按照北京大学钱理群教授的说法，现实情况似乎并不乐观："我们的大学……正在培养一大批'精致的利己主义者'，他们高智商、世俗、老道、善于表演、懂得配

⊖　原题为《MBA商业伦理教育中誓言写作的实效评价》，发表于《清华大学教育研究》2014年第5期，第61～69页。

合，更善于利用体制达到自己的目的。这种人一旦掌握权力，比一般的贪官污吏危害更大。我们的教育体制正在培养大批这样的'有毒的罂粟花'。"如果这种情形是真实的，那么面对上述追问，教育者必须做出检省，以探究症状的根源，并努力寻求解决之道。

另外，上述追问也引出了如何教育学生，以及在教的过程中教者对学生的定位问题。诗人调侃的"把鲁迅存进银行，吃他的利息"，并且教训说"要做伟人/就得吃伟人的剩饭、背诵伟人的咳嗽"[2]的教者，只是把学生当作了填鸭的对象，却全然无视其主体性和主动性，有违教育规律。"教育是什么？我假定教育是一个人为了追赶自己而不得不经历的全部的课程，而没有通过课程的人，即使其生活在最文明时代的事实对他也无济于事。"[3]在索伦·克尔凯郭尔（Soren Kierkegaard）这段话中，"追赶"一词若是换作"达致"或"成就"会更容易理解一些：受教育者在接受教育的过程中也对塑造自我抱有某种期许。对此，已有论者指出：

我们应该把进入 21 世纪大学的人看作积极的"学习者"，因为他们为自己的学习经历和效果负责的要求越来越强烈。依此类推，"教师"这个概念也将过时。现在，大多数教职员在本科教育中的主要任务是确认和描述书本的内容。在新的教学模式中，教师的任务将不再是确认和描述书本内容，而是教育和引导学生积极地学习。也就是说，他们要鼓舞、激发、管理和教育学生。[4]

这段话虽然是针对本科生教育说的，但其原理同样（甚至更加）适用于后本科（尤其是专业硕士学位）教育。

为了避免学生坠入"失去灵魂的卓越"的旋涡，从 2010 年开始，清华大学经管学院面向 MBA 学生开设了必修课程"伦理与企业责任"。[5]为防止学生沦为被动学习者，我们在课堂上使用了一个近似于马斯拉奇女士的问题"你希望在（未来的）自己身上看到什么"来追问学生。作为课程的一个重要环节，学生需要独立撰写一篇自己的商业誓言。此间的一个背景是，2009 年，1/5 的哈佛大学 MBA 毕业生在毕业前自愿签署了一份他们自发编制的"MBA 誓言"（MBA Oath），以成为服务商业社会的业界领袖为目标，并承诺不会为追求个人利益而损害他人。[6]我们在课程设计时显然从中获得了启发。

需要看到，在商学院开展商业誓言写作其实面临许多难题和挑战。其中之一是，按照西方的职业分类传统，医生属于"专业人士"，而商人、经理人不是，专业人士可以有入职誓言，商业人士能行吗？对这一诘难的回答得益于当代有关"专业人士"范围的观念改变。在西方，"专业人员"素来以"避免市场回报以换取实际垄断"而著称：

专业人员证明他们是受服务和利他主义理想指导的。他们不追求利润最大化，他们声称将客户和社会的利益放在首位。

尽管许多学者已经对专业人员实现这些理想的程度提出质疑，就大多数情况而言，在 20 世纪上半叶，专业人员没有直接参与市场。他们与市场的相互作用由专业协会和法律来促成。专业人员不做广告；他们为客户（client）而不是顾客（customer）服务；他们常常按标准收取费用，这种费用已经被认为是在开放市场上的定价。没有专业资格的人在法律上被禁止提供各种专业服务。[7]

不过，"所有人都想说自己是专业人员，因为专业与地位和声誉相联系。用现在的话来说，这个用语经常不严格地用来描述手工劳动和蓝领工作以外的任何职业……专业不是固定不变的，而总是处于被社会构建的过程中。"[8] "专业"的问题姑且可以放在一边了。

当然，在课程推进中，我们也做了比较大的改动，即不是要求学生简单地在同一份"誓言"文书上签名，而是要求他们自行起草，经过与任课教师的诘辩，再签上自己的名字。誓言写作被列入课程的平时作业（探索性学习报告），也是期末成绩的组成部分。在布置这项作业时，为了消除学生可能的抵触情绪，任课教师会提醒学生注意，不要仅仅把写作当成一次作业，而应将其看作对未来的自己的远期承诺；写作时，也尽量不要说大话、空话和套话，而以自己能够身体力行为宜。2011

学年度，商业誓言写作环节继续得以保留。之后，因课程内容结构调整，没有再进行下去。尽管如此，如何对运用誓言写作的形式推进商业伦理教育进行评价，仍然值得深入研究。

2011 年，崔小姣以清华大学经管学院 2010 级 MBA 学生撰写商业伦理誓言作为素材，完成了硕士学位论文。[9] 她所做的问卷分析和访谈等工作提供了极为珍贵的一手材料。本章拟从商业伦理课程教学者（誓言写作推动者）、誓言写作者（MBA 学生）、旁观者（崔小姣）三个维度进行梳理，以期对在职业伦理教育中采用誓言写作的教学形式的有效性进行初步的评价和反思。

二、教者的意图

（一）预设

MBA "伦理与企业责任" 课程的教学目标是希望使学生了解 "无论是在商业活动中还是在我们的日常生活中，决策和选择常常涉及伦理挑战；学生们应当能够认识我们的决策或选择可能给各相关群体带来的影响；能够深入自省看上去似乎合理的说法和内在的价值观"[10]。

作为课程的一个教学环节，学生撰写的誓言不仅要包括价值观层面值得坚守的内容，还需要为面临道德冲突时该如何协调提供指引。从这个角度看，商业伦理誓言的撰写更像一个心理试验，通过让学生主动思考和触探个人的道德底线，同时配合课程其他环节的讨论、倾听、互动等，达到职业伦理思维训练的目的。此间，教者首先看重的是学生思考的原发性以及深度，强调誓言需要能够反映学生当下的真实想法，而不是照抄照搬已有的文本，或者说大话、漂亮话。誓言不是一种硬性的约束，不能太过空洞；也不能设定过高的标准，以致无法实现。课程无意把学生都培养成"圣人"。教者会提示学生，不要追求纸面文字的最优，但求所写下的内容可行（可以化为自己的行动，落到实处）。

古人讲，"言之无文，行而不远"[11]。撰写誓言相当于"立此存照"（学生自己收好），学生可以在将来某个时候回头来看自己当初立下的承诺，并将其和后来的行为加以对比。在此意义上，商业伦理誓言相当于学生写给未来的自己的一封信、一次超越时空的对话。当然是以现在的立场、意识向未来做出承诺。

（二）观感

由于学生的背景不同，道德发展水平也不尽相同，誓言呈现出的职业伦理期许存在较大差异都属正常。誓言并无对错之说，教者在评价时亦不会以学生所写是否达致教者自己心中的预设为判定标准。

通过对学生撰写商业伦理誓言的阅读和对话，可以发现学生对职业伦理、人生价值观等问题的基本认知。此间有一点值得注意，很多学生在誓言中都写了诸如遵守法律之类的内容，一方面说明了学生在法律与伦理（道德）关系上还存在一些模糊的认识，即虽然有人说"法律是最低道德标准"[12]，但事实上也有一些道德允许而法律禁止的行为，因此二者的关系像 DNA 双螺旋结构那样微妙；另一方面也说明撰写誓言是一个内心挣扎的过程，一些学生选择了"向法律底线逃逸"，即试图用看似简单而客观的标准——法律，作为自己行为底线的基准，来处理自己所面临的伦理困境，回避自己内心的伦理挣扎。当然更极端的做法是"拒绝纠结"，选择与通行做法一致，从众、"随大溜"。

三、誓言撰写者的反馈：基于崔小姣的 14 份访谈

崔小姣从誓言作者中随机抽取了 14 名同学，对其以及本章作者之一的姜朋老师进行了访谈。收录在其论文中的相关访谈记录构成了本研究的重要素材，极大地唤起了我们对于当年课程设计、推进过程中的种种细节的记忆。

14 名受访对象是从经管学院 2010 级 MBA 全日制班以及国际班中的中国学生中随机抽取的，男女各半，接受采访时均已修习了"伦理与企业责任"课程，有过商业誓言的写作经

历。由于在课上誓言是作为探索性学习报告的作业布置的，因此学生大都用了一二小时来撰写初稿，多者用了半天或一晚的时间，少的只用了十几分钟。当然，有的受访者未将思考时间计算在内，还有的参考了一些已有的誓言文本。

值得注意的是，崔小姣在访谈中提问的关注点往往放在了誓言签字上，而课程中的探索性学习报告的侧重点则是写作。两者口径不尽一致，当然后者同时也有签署的要求，因此一般说来问题不大。以下是我们对访谈记录所做的分析。

（1）对于"哪些是自认为特别重要、必须包含在誓言中的因素"这一问题，受访者的回答呈现出多元化的倾向：有 3 位受访者明确提到了诚信，其中 1 位附加了不害人，并表示这是底线性的，1 位认为诚信是人安身立命之本。7 位提到了道德或价值观，其中，1 位直接使用了道德字样，1 位细列了社会道德、职业道德和商业公德，2 位将法律与道德（或商业伦理道德及公序良俗）并提，2 位明确提及了个人价值观（其中一位还强调了可行度，另一位认为誓言可作为个人价值观的补充），1 位使用了"做人做事的原则"的表述。4 位受访者不同程度地提到了组织的因素，包括"以符合整个系统可持续发展的方式（善的方式）做善事"、平衡对企业的责任（盈利）和对社会的责任（道德目标），对股东的信（受）托责任（其附提了诚信，作为做人的标准），以及"和自己实际工作环境相关的伦理问题"。

（2）针对"在签署誓言的时候，是否考虑了今后违背誓言带来的惩罚"这一问题，9 位受访者表示考虑过，2 位由其言辞可以推知其考虑过了，2 位明确表示"没想过"，1 位表示"说不好"。受访者所理解的"惩罚"包括他人的评价（包括法律的和道德的）、自我评价（良心、内心）两方面。其中考虑过的 9 位受访者中有 4 位明确提到了法律，但 2 位认为誓言的作用不靠法律，反倒是一位"没想过"的受访者表示誓言"最好的（实施）效果是有法律效力，或者公众监督"。另一位"没想过"者和"说不好"者则分别表示"没想过用法律和行政手段惩罚自己""自己给自己设定标准又如何惩罚自己呢"。"考虑过"的受访者中，有 6 位表达了类似"惩罚来自内心"的意思（其中 1 位也提到了法律）。1 位表示只要"自认正确即可"，1 位主张"如果不出现特别极端的情况，就会坚持"，两位认为"做不到的就不写""要么不写，写了就要遵守"。

通过对这一问题的回答，还可以看出受访者对"誓言究竟该是底线还是高标""誓言写给谁看"这些问题的态度。5 位受访者认为誓言是底线，3 位认为是愿景、寄托、高标。1 位使用了相对中性的词语"价值观的表达"。3 位受访者认为"誓言是写给自己的"（其与持底线观点的受访者有交叉），1 位表示"誓言是对社会做出的一种承诺"。

值得注意的是，一些受访者的表述存在内在的矛盾，比如1 位受访者主张誓言是自律性的同时也认为誓言是"对社会做出的一种承诺，是社会缺乏的，大家所盼望的东西是个高标准，难做到"。

（3）对于"若是工作前撰写誓言会有何不同"这一问题，6位受访者认为容易空洞（不可行、不那么具象），6位受访者认为会比较理想化，还有1位认为"会更加言辞肯定，会觉得自己要做一个正直的人，与不正当的行为做斗争"（这似乎也可以归于理想化之列），只有1位认为那时会更看重成就，会写努力工作学习、追求好成绩、做行业精英之类的内容，而现在心态更平和，会写对自己品性的要求。

（4）对于"若誓言会被公开，是否还会签字"这一问题，9位受访者持肯定观点，但其中一位表达了对大众版本的反感，另一位则质疑了"誓言在中国目前商业环境下的可执行度和意义"。3位受访者持否定态度，认为誓言靠外在监督"不靠谱"，或"没有意义""没有什么后果，是个形式上的东西"。1位受访者表现得较为谨慎，其比较在意"公开给自己周围的人"，同时认为不排除今后修改誓言的可能。

（5）与上一问题相关，对于"是否愿意签署像哈佛大学那样的统一的誓言"这一问题，7位受访者明确表达了反对态度，主要的理由是：不能强求通过某种统一的东西来约束不同人的思想；个人差别很大，统一誓言会失去原来的意思。1位表达了谨慎的怀疑："可能会有效果一些，可以互相约束，但可操作性不强"。其余6位均表达了某种怀疑，但表示可以有条件签署，条件包括：内容、形式能够接受，获得认同，不为难大家、不太夸张、不太苛刻，把统一和个性化的版本相结合，等等。值得注意的是，其中一位有条件接受的受访者还表示"如清华发起会签"。因为其觉得自己属于主流文化，也认同一些优秀大学倡导的价值观。

（6）对于"签署誓言是否有用"这一问题，6位受访者表示因人而异，"在乎就有用，不在乎就没用"。4名受访者认为"没用"，其中一位指出"誓言的作用不在于签与不签，而在于个人面临问题时的思考过程"。2位受访者认为"有一定意义"，如可以引发思考。2位认为"有用"，其中一位认为"起码参加的人有思考过程"，当然其同时也强调辅助手段和措施（如公布和监督）的作用；另一位受访者则认为，"写一次不够，需要不断地强化，贴在床头每天看，或者经常有人提点""强化才能一直记得"。

（7）关于"今后在做决策的时候，会不会考虑自己签署过这份誓言"这一问题，有13位受访者被问及。2位表示目前还没有面临或考虑这个问题。3位表示了否定的看法，其中2位认为影响不大、没有影响，1位认为"誓言是阶段性的。在平常没有伦理冲突的环境下不会有什么用处"。8位表示会有影响，其中一位表示"重大决策的时候会想到"。

这组访谈部分反映了受教育者对商业伦理教育誓言撰写环节的态度和评价。总的来说，对于个体的誓言表达的评价是正面的，即将誓言撰写作为商业伦理课程的一个教学环节是可行的。同时，其也说明了工作经历对于青年、职场新人伦理认知的客观影响。因而，不应对单纯通过誓言（撰写、签署和宣誓）改善商业环境中的伦理水平抱有太高的、不现实的期许。

四、旁观者的分析

崔小姣同学的研究试图求证"MBA誓言内容无法区分撰写者的道德水平，即MBA誓言不能够反映撰写者真实的道德水平，从誓言中不能得到道德高低的结果"这一假设的真伪。为此，她调阅并整理了相关誓言。考虑到语言和文化的因素，她舍去了国际班学生以英文写作的誓言，只选择了中文版本。[13]她的工作为评价通过誓言写作推进商业伦理教育的有效性提供了一个相对客观的视角。

（一）语义分析

在对誓言文本进行语义分析时，她将文本分为了四组：①基于蓝本型与自我叙述型；②避罚型与求赏型；③底线伦理型与楷模伦理型；④群体主体型与个人主体型。

1. 基于蓝本型与自我叙述型

崔小姣注意到，相当一部分学生的誓言是基于现成的范本撰写的，最常见的是参考了哈佛大学的誓言文本。不过，几乎所有学生都提到了维护股东、员工、客户和社会利益。清华大学"自强不息，厚德载物"的校训以及经管学院院训"行胜于言"也被频繁提及。这部分学生中，42% 提到了作为"清华大学 MBA"。他们总结的自我叙述型誓言也不完全都是自由发挥的，参考、引用他人表述的现象并不少见，比如以"八荣八耻"为蓝本拟定了个人道德"十六荣十六耻"，或者引用左宗棠的"穷困潦倒之时不被人欺，飞黄腾达之日不被人嫉"，毛泽东的"一个高尚的人，一个纯粹的人，一个有道德的人，一个脱离了低级趣味的人，一个有益于人民的人"[14] 等语录，并有所演绎。由此看来，崔小姣的这组分类并不纯粹，但她的分析反映出学生既有的（伦理方面的）阅读或相关知识储备会对其道德表态（誓言表述）产生影响的事实。在某种意义上，这也可说明学生对其参照脚本的认同态度。

2. 避罚型与求赏型

崔小姣注意到，超过 80% 的撰写者提到了不违反法律（守法）方面的内容，[15] 虽然她也承认"不能简单地认为所有对于'遵守法律'类的承诺都是为了避罚，因为遵从高道德标准和较低道德标准的人可能都得到了遵纪守法的结果"，但她仍将写明"不行贿受贿""坚决抵制贿赂""不逃税""不收受回扣""不背叛国家，不做害人之事，不蝇营狗苟，不取不义之财"等具体承诺的誓言归为"避罚类（型）"。

同时，她将誓言中"为企业争得荣誉""得到员工的信任与拥护""成为企业领袖，商业精英"等表述同获得社会尊重、同事肯定、领导认同以及自我满足等结果联系起来，从而将其归为"求赏型"之列。问题在于，其间存在过度解读的可能。因为誓言文本中未必言明写作者是为了得到某种物质或精神方面的奖励而有意识地从事某种行为。

此外，按照劳伦斯·科尔伯格（Lawrence Kohlberg）的道德发展理论，道德阶段的发展顺序是由低级阶段依次向高级阶段发展（其间顺序不会超越，也不会逆转），0～9岁的儿童属于"前习俗道德期"（pre-conventional level of morality），其又分为"避罚服从取向"（punishment-obedience orientation）和"相对功利取向"（instrumental-relativist orientation）两个阶段（阶段一、阶段二）。前者是通过关注行为带来的后果作为行为对错的判断标准，后者对行为对错的判断持利益交换的观点，帮助别人是因为希望别人也帮助自己，并为得到因赞赏而取得的利益而遵守规范。大体都属于"求赏"的范围。10～20岁的年轻人多属于"习俗道德期"（conventional level of morality），其期望通过遵从他人的标准、世俗或社会规范，以获得认同。其又分为"乖孩子取向"（good boy/ nice girl orientation）和"遵守法规取向"（law-and-order orientation）两个阶段（阶段三、阶段四）。20岁之后，一部分人会进入"后

习俗道德期"（post-conventional level of morality）——面对两
难的道德情境时，能够按自己本心和个人价值观进行判断，但
能达到的人数很少。[16] 撰写誓言的 MBA 学生平均年龄为 28 岁
左右。[17] 对这个年龄段的成年人，套用"避罚"与"求赏"的
标签（对应的是科尔伯格分类法中的阶段一和阶段二），未免
失之简单。同时其也没有说明为何不将上述强调遵守法律的誓
言归入科尔伯格分类法的阶段四（遵守法规取向）。也许，将
这组分类改作"低标型"和"高标型"会更贴切一些。

3. 底线伦理型与楷模伦理型

在讨论这组分类时，崔小姣将"道德底线"界定为"理想、
信念和价值目标"的对照面，认为"首先满足这一底线，然后
才能去追求更高的理想"。[18] 该观点在通常情况下是可行的，
但对没有底线或底线不明的人而言，找到并守住底线也许就会
成为很高的道德追求（高标）。

同时，崔小姣指出："底线是一种最基本的伦理标准，'楷
模伦理'却不是从最低标准出发，而是树立一个终极的高目
标。"将"楷模伦理"类同为"终极的高目标"可以接受，只
是这样一来，似乎就模糊了"底线 – 楷模"的分类与前面分析
的"避罚 – 求赏"（笔者所说的"低标 – 高标"）的边界。

其实，透过崔小姣的引述，不难发现，无论学生选择道德
底线还是道德楷模作为其誓言叙述的基本标准，在相当程度上

都是其写作时内心的挣扎、纠结的外化。

寻求底线者，选定了"法律""基本商业道德（大部分人或社会所认同的底线做准则）"，希望找到外部的权威，或者可以确定的客观标准以替代自己内心的纠结和不确定性所带来的困扰。这是一种向（法律等）底线逃逸的策略。而另一些学生施加了许多限定，如"坚持最大的诚信和最高的道德标准"，何为"最大""最高"却缺乏有效的判断标准，因此其貌似准备向楷模伦理靠拢，实则可能是在用一些"大词"（如"全人类"）来搪塞，以回避对自己内心的追问。

事实上，"底线"与"楷模"的分类并未涵盖所有的誓言。崔小姣其实敏锐地注意到了学生誓言语气上的模棱两可和犹豫：

"就算对社会没太大的贡献，也应多考虑减少社会成本"中，"就算"和"也"的语气透露出对为社会做出贡献并没有强烈的要求和意愿，只要能够减少社会成本，也是可以接受的……"按照商业道德水平从高到底（低）排序，如果我不能排在最靠前的10%，我至少需要成为前35%中的一员"则是一种退而求其次的做法，虽然具体数字只是一个大约的衡量，却是一种类似底线的描述，表达出即使不能成为最具商业道德的人，也会做比较靠前的这种想法。[19]

但她将试图成为道德行列的前 35% 者都归入"底线追求"之列，判定标准未免过于苛刻。

4. 群体主体型与个人主体型

商业伦理誓言是布置给学生个人（而非学生学习小组）的作业，其需要由每个人独立完成。至于说学生选择群体主体抑或个人主体为叙事中心（以及思维和决策的主体）很大程度上与其既有的工作经历有关，也涉及其对自己未来职业发展的内在期许。

值得注意的还有，商业伦理誓言并非每篇只有一条，因此同一篇誓言也许按照崔小姣的标准被分解到不同的类别之中。在这种情况下，词频分析其实还可以再加强一些。

（二）访谈分析

相对于分析和结论，崔小姣在访谈分析一章中对资料收集方面的贡献更大。她主要关注了六大方面的问题：誓言应当包括的内容，学生们对待誓言的态度是否认真，在这个时点（年龄段、职业阶段）再确立未来的行为规范是否有效，誓言是否该公开，推广统一的还是坚持个性化的誓言，誓言能够起到约束行为的作用。因受访者表述的多样，难以得出一般性的结论，但她的几点发现仍然有启发意义：誓言中出现频率最高的几个词是道德、诚信、守法；誓言对于认真对待誓言写作这回事以及本身道德水平较高的人具有更强的约束力；较之毕业之初，工作后道德底线会有不同程度的降低，道德发展阶段存在着"倒退"（或滑坡）现象。

（三）数据分析

崔小姣还邀请了 131 名 MBA 学生（即前述誓言的作者，其中男性 74 名，女性 57 名），对他们进行"确定问题测验"（defining issues test，DIT），回收有效问卷 127 份。

确定问题测验是由科尔伯格的学生詹姆斯·雷斯特（James Rest）提出的，原问卷由六个案例组成。[20] 崔小姣使用的是更为普及的三案例版本，并将其译成中文。案例都涉及伦理两难困境，分别是：丈夫是否该偷药为妻子治病[21]、是否该告发一直行善的越狱犯[22]、引发学生反抗情绪和家长不满的校内报纸是否该被取消[23]。每个案例配有 12 个问题，受试者须对问题做出识别和选择。

崔小姣选择用确定问题测验的输出结果中运用最广的 P 得分[24]（P-score）来说明受试者所处的道德发展阶段。P 得分与科尔伯格道德发展理论的第三个层次"后习俗道德期"的两个阶段——"社会法制取向"[25]（ social contract legalistic orientation）和"普遍伦理取向"[26]（ universal ethical principle orientation）相对应，分值分布范围为 0 ~ 95，得分越高说明受试者所处的道德发展阶段与阶段五和阶段六越接近，即其道德发展阶段越高。经过测算，崔小姣发现受试者的 P 得分集中于 0 ~ 60 这个区间，并且频次达到了 92.1%；最高比例出现在 20 ~ 30 这个区间中，均值为 35.6，标准差为 15.7。

与此同时，崔小姣还请经管学院的一位教授与 5 位了解道德发展阶段理论的硕士研究生一起综合参考科尔伯格理论，将 127 份 MBA 誓言分成两类：属于"前习俗道德期"及之前阶段的称为 A 类，计 83 份；属于"后习俗道德期"的为 B 类，计 44 份。然后通过赋值分别对其进行测算，得出两组均值差为 –12.0792，P 值小于 0.0001。据此，她认为这说明 A、B 两类誓言具有差别，其撰写者在道德水平上确实存在显著的差异。在此基础上，崔小姣完成了对其论文假设的证伪，认为 MBA 誓言内容并非无法区分撰写者的道德水平，即 MBA 誓言能够反映撰写者真实的道德水平，从誓言中能得到道德高低的结果。

问题在于，其先按照自己预设的道德发展阶段标准将誓言分作了高低两类，而后经过分别赋值和测算，得出的结论又是两类誓言撰写者的道德水平的确存在差异，且不论此间是否存在着循环论证的问题，这个过程至多只是证明了两种分类之间存在道德水平上的差异，并未证明该分类本身是合理的，也不能证明其分类的前设（即誓言）如实反映了撰写者的真实道德水平及不同撰写者之间的道德差异，从而可能影响到其"不能断言誓言只是形式，从而否定其存在意义""誓言是能够区分不同的道德水准的，是一种认知程度和能力的体现……是一种有效的伦理教育手段"等结论的可靠性。

五、本章小结

对学生的访谈显示了受访学生对撰写商业伦理誓言的认同，崔小姣的分析也说明商业伦理誓言文本所表达的道德态度与撰写者真实的道德认知之间存在一定的联系，因此安排学生撰写伦理誓言是一种有效的教育手段。看起来，这些对于在伦理教育中要求学生撰写伦理誓言而言都是正面的支持性依据。然而，本章前述批判性评述和分析颠覆了崔小姣的结论，即其并未证伪"MBA 誓言内容无法区分撰写者的道德水平，即MBA 誓言不能够反映撰写者真实的道德水平，从誓言中不能得到道德高低的结果"的研究预设。

尽管如此，这个结果一点也不令人失望。首先，崔小姣的研究主旨与我们课程设计的初衷并非一致。早有人指出，伦理"涉及价值观，它内在于我们而表现出主观性……它们所表达的乃是我们的愿望（wishes）、希冀（hopes）、期待（desires）、态度（attitudes）或者选择（preferences），它们所反映的是应然世界而非已然世界的面貌"[27]。誓言也是指向将来的，由每个人独立撰写，可以确保誓言的主观性或个体性。采用撰写伦理誓言的形式，意在推动学生自省，打开一扇观测自我伦理立场与选择偏好的窗口，深入思考对自己的职业伦理期许与定位。

其次，上述研究结果也说明我们在课程中坚持的谨慎立场是妥当的。在课程实际推进过程中，我们注意到学生对于誓言写作的真实态度其实非常复杂。崔小姣的论文没有关注的国际学生中，不乏对撰写誓言非常抵触者。这或许与西方文化中特别看重立誓一事有关。与之相比，中国学生则表现出明显的文化差异：有的表达了真诚的认同，有的则有为应付作业而为之的嫌疑，还有不少其实对誓言本身持无所谓态度。因此在布置时，教师会非常小心地向学生说明，"誓言"只是一种教学形式，是学生写给自己（而非对其他组织或个人）的承诺，教师也无意据此考察学生的伦理立场或道德水平，甚至以此约束学生未来的伦理选择。不过，撰写誓言环节的设置的确包含了教师对于学生品德塑造的关切，以及推动学生追问诸如人生、职业意义等问题的用心。

人为什么而活的问题，绝不可能因为其他什么人为你解决了而对我来说就算解决了。我可以从你的言行中学习很多东西。我可以通过研究书本中所记载的或从我的经历中所看到的其他人的生活而受益。但在这件事情上我决不能像在其他许多事情上那样听从他们的判断。其他人说什么、做些什么，对于我回答我的人生意义问题的思考是无关的。服从和授权在优先从非个人角度考虑真相的场合是合适的，但在这里是不合时宜的。如何度过我的人生以及我为什么而活的问题，是一个仅仅追问自我的问题，就像不能授权临终的任务一样，我不能授权别人回答此问题。[28]

与此类似，誓言写作也明显带有负责任的自我修养的特点，从而可以归入"教化"（bildung）之列——其鼓励人们把对自己个性的培养看成一种道德责任，同时也使专业化成为一种德行。[29] 因此，课程始终坚持强调誓言写作的个人风格。教师在阅读了学生的誓言初稿后，会对誓言文本各条之间的内在逻辑关系、誓言中提到的利益相关者的顺位、可能存在的利益冲突等问题进行追问，由学生做出回应并对誓言文本进行修饰和修改。作为"探索性学习报告"的一部分，商业伦理誓言与学生结课时提交的伦理情境案例合在一起，其分数只占学生总成绩的30%。[30] 教师只根据学生在课程中的表现（如积极参与、投入和努力）给出成绩，最终的成绩与其伦理道德水平并无必然联系。

更重要的是，我们并没有那么急切地希望得出"誓言撰写是一种有效的职业伦理教育手段"的结论。正如有学者指出的："原则是易于了解的，把原则付诸实践却极为困难。就探索真理而言，真理具有普遍性和永恒性，进行这种探索也要鼓励理智冒险，不容许斤斤计较于一时、一地、一物、一事的得失，还要求长期艰苦努力，不能急于求成和追求立竿见影。"[31]
其实，学生在未来职场中的每一次选择，才是对其职业伦理水
平，以及其所接受的职业伦理教育的最好评价。

再进一步，无论教育者对所培养的学生抱有何种期许，以
及为达此种目标而采取何种教育手段，都不能无视一个更为基
本的前提，即学生的个体乃至代际差异特点。随着"新生代学
生"的涌现，登堂入室，成为社会中坚力量，直面他们的教育
者（以及相应的教育理念和教育手段）也需要不断进行适应性
调整。正如美国学者指出的：

讲究实用的这代人的不同学习风格，再加上高绩效的工作
环境对终身学习的需求，很可能导致这样一个转变，从一种建
立在一个人早期的学位课程基础上的"以防万一"式（just-in-
case）的教育，向一种在职业生涯中获得知识与技能的"随时
随地"（just-in-time）的学习方式转变，再向一种按照学生的需
要定制的"正适合你"（just-for-you）式的教育服务转变。[32]

与这种逐渐趋于"私人订制"式的教学要求形成鲜明对比
的是，曾几何时，服务窗口行业纷纷提出各种"承诺"；成年
仪式上的高中生、某一行业的新进从业者（如刚入学的法科大
学生，抑或获任审判长的法官）也往往要在引誓者的带领下振
臂一呼；结婚典礼上，在司仪的导演下，新人不离不弃的私密
低语演化成了公开庄严而动人的誓词……国人素有乐于从众的

传统。其存在感、荣誉感和道德感更多依赖于社会、社群中的文化结构，因而会非常在意自己的表达所带来的朋辈反应、群体压力以及社会印象。在这样的背景下，对于誓言写作这种探索的实效，对于各类誓言的显性或隐性功能，也还需要用一种更为全景化的视角来观察。[33]

| 附录 11A |

基于崔小坡对14名MBA学生访谈记录整理的简表

编号	特别重要、必含的因素	撰写用时	是否考虑了今后违背誓言后带来的惩罚	誓言究竟该是底线还是高标	若是工作前撰写誓言会有何不同	若誓言会被公开，是否还会签字	签署誓言是否有用	今后在做决策时，会不会考虑自己签过的誓言	是否愿意署像哈佛大学那样的统一的誓言
1	道德内容（个人价值观补充）	1个多小时	考虑了。看重他人评价（道德的、法律的），自认正确即可		没有那么具象，会更遵守原则，会更在乎其他人的看法和评判	是自己写的，会签。若是一个大众的版本，反而不乐于签	能够具象化是一种方法。但不确定对其他人而言是不是好方法	没有考虑过。目前大部分决策还不是道德决策。加之还是在学校中，环境没改变，还没有什么冲突的地方	否

（续）

编号	特别重要、必合的因素	撰写用时	是否考虑了今后违反誓言带来的惩罚	誓言究竟是底线还是高标	若是工作前撰写誓言会有何不同	若誓言会被公开，是否会签字	签誓言是否有用	今后在做决策时，会不会考虑自己签誓过的誓言	是否愿意签署像哈佛大学那样的统一的誓言
2	诚信，不害人（底线）	2小时	考虑了。法律，良心。（以前考试前的宣誓，有一定用处，惩罚的时候有个对照。无论法律如何评判，如违反了自己会觉得理亏）	底线	比较理想化。社会环境会改变人的很多东西	会签。既然签字了，默认这是公开的了。别人看也没有关系	一次不够，要不断强化。贴在床头，每天常看或别人提点，效果更好	影响不会大。写时不会为难自己，做到的才写，是誓言大部分是对现状的描述，有些是跳一跳能够得着的	愿意。在不为难大家的情况下签署
3	以符合整个系统（组织）可持续发展的方式做善事	几天	考虑了。法律和道德	价值观表达（中性）	理想化成分会更多，可能只强调遵守道德，不会上升到社会系统中去看	会签。没有顾虑，能够完全对自己的誓言负责，做任何事情都应该做到"慎独"	因人而异。对自己，没有问题，必要	会。誓言是向谁证什么，是自己价值观的表达	取决于誓言的内容，而形式可接受，起"最大公约"的作用

| 4 | 对企业的责任和对社会责任的(的平衡) | 1小时 | 考虑了。做不到的就不写 | 底线 | 会写得很高,很理想化。现在只写能做到的 | 犹豫。做到的才会写,我会签,能不能约束自己,不清楚誓言在中国目前商业环境下的可执行度和意义是否有在美国商业环境大下的 | 难说。有标准的约束力去约束大家的行为 | 会。誓言是向谁保证什么,是自己价值观的表达。不证明 | 不愿意。模板化的形式不如内心的思考的约束,不能强求通过形而上的某种而上的东西来约束一个人的思想 |

（续）

编号	特别重要、必含的因素	撰写用时	是否考虑了今后违背誓言后来的惩罚带来的惩罚	誓言究竟是底线还是高标	若是工作前撰写誓言会有何不同	若誓言会被公开，是否还会签字	签署誓言是否有用	今后在做决策时，会不会考虑自己签署过的誓言	是否愿意签署像哈佛大学那样的统一的誓言
5	诚信只写能做到的	1小时	没想过。监督主要来自内心（自责），没想过用法律和行政手段惩罚自己	底线	会更看重成就，写努力工作学习，追求好成绩，做行业精英之类的内容。现在心态更平和，转向人生、性格方面，会写自己品性上的要求	会签。是不是公开于是否宣誓于是否宣誓没有影响	有一定意义。但指望这种形式从根本上产生改变还有难度。仅用这种形式不能百分之百地起到规范商业行为的目的	会。誓言不是向谁保证什么，而是自己价值观的表达	取决于统一誓言的内容。如清华、会签。觉得自己属于主流文化，也认同一些优秀大学倡导的价值观

		一个晚上	考虑过。誓言是写给自己的。自己良心有底线，要么不写，写了就要遵守	底线——不犯法	过于理想化，不会考虑社会上实际	个人遵守誓言，第一道防线和最后一道是靠自律，所以外在的监督不太靠谱。是否有违背只有自己知道	有一定意义，最起码会引发思考。但规范还是要靠制度而不是靠个人修养	重大决策的时候会想到	个人差别很大、统一誓言会失去原来的意思
6	可行度、个人价值观								
7	诚信（个人安身立命之本，企业发展的前提）	思考 3 天	考虑过。内心痛苦挣扎	寄托、愿景（未写很苟刻）	现在理解更深，知道在现实的工作中会遇到哪些问题，更有城府	可以。所写都是自己愿意做的。不公布与否都一样。可以接受外部监督	因人而异。能起到提醒的作用。不能保证每个人都能认真地完成	需要看情况。不认同的，签了没意义。认同的可以签

（续）

编号	特别重要、必含的因素	撰写用时	是否考虑了今后违背誓言后带来的惩罚	誓言究竟该是底线还是高标	若是工作前撰写誓言会有何不同	若誓言会被公开，是否还会签字	签署誓言是否有用	今后在做决策时，会不会考虑自己签过的誓言	是否愿意签署像哈佛大学那样的统一的誓言
8	股东利益第一。其他的诸如诚信、正直、是做人的标准（维护雇主利益，在不违反社会利益的前提下）	1小时	说不好。自己给自己设定标准又如何惩罚自己呢	最高的期望，对未来的愿景	会写得大而空：要恪守、尽职工作，努力工作，积极向上，为人民服务，为经济发展贡献之类	没有问题。在一定程度上会形成外部监督约束，会顾虑多一些	誓言的作用不在于签，而在于个人面临问题时的思考过程	有影响。以前决策那么没那公清晰	可以接受。可把统一的和个性化的版本相结合。统一誓言会让很多己觉得多其他人都在做；个人誓言会细化自己的考虑

9	社会道德，职业道德，商业道德(公)德	几天时间。很困惑，甚至都不想参加这个活动，觉得很难做到，怀疑有多少人能真正做到	考虑过，没有相应的监管机构，誓言是自律的	誓言是对社会做出的一种承诺和誓言的是社会缺乏所大家所盼望东西是(愿景)是个高标准，难做到	会更加誓言会辞肯定，觉得自己更做一个正直的人，与不正当的行为做斗争	会同意。这是正直的人在寻找一种监督机制，如果没有监督，在大是大非面前做选择的时候就没有压力	有用。起码参加的人有思考过，其次有过程，其次有辅助手段和措施，如公布和监督	肯定有。会违背大原则，既然承诺，该坚持的就要坚持	不接受。按照自己的想法和标准，没有适合所有人的标准
10 拒斥思考	道德	不到 20 分钟	没有考虑。最好的效果是有法律效力，或者公众监督		会写得很理想化，但是不实用	如果完全自愿，觉得没有意义。不会对社会形成直观的影响，反而把自己限制住了。必须从上而下	不认为，是好的方式	没有影响	可能会有效果一些，可以互相约束，但可操作性不强

（续）

编号	特别重要、必含的因素	撰写用时	是否考虑了今后违背誓言后违背誓言带来的惩罚	誓言究竟该是底线还是高标	若是工作前撰写誓言会有何不同	若誓言会被公开，是否还会签字	签署誓言是否有用	今后在做决策时，会不会考虑自己签署过的誓言	是否愿意签署那像哈佛大学那样的统一的誓言
11	法律及自己比较在意的道德问题	10多分钟（之前想过）	考虑过。不知道有什么具体的后果，但自己会过意不去		工作前很多事情无法预计。工作后接触的道德困境多了	会签。但以后遇到不可抗拒的因素可能会后悔	有用，但也分人。有人可能写了誓言也不真在意	现在还没有面临这些问题	要看内容。如果写得很夸张，大而苛刻，就不会签
12	法律、商业伦理道德、公序良俗。（自己能履行的）	半天（除了思考）	没有法律约束	誓言是给自己的，并且自己能做得到	对商业和社会环境不了解，写得更高一点，更理想化	没有什么后果，是个形式上的东西	觉得没用	誓言是阶段性的。在平常没有伦理冲突的环境下不会有什么用处	不愿意。最基本的法律不管有没有签名都要遵守

13	和自己实际工作环境相关的伦理问题。怎么对待上司、同事和下级，怎样提高自己，保持自己的独立	几个小时	考虑了。如果不出现特别极端的情况，就会坚持	写给自己看。关注了哪些是一定要坚持的底线	只有工作一段时间后才了解了工作环境，才会相对可行地写出相应的誓言	一般的公开接受，如果是公开给自己周围的人，我会更慎重地考虑誓言是否能够执行，写时也没有排除今后修改的可能	分人。很在乎就有用，不在乎就没用	觉得会。写誓言去再次反思自己的道德底线和道德体系	更多是一个形式。在中国不太适合
14	做人做事的原则。做事情是否积极，会不会伤害到别人	几天	考虑了。惩罚是来自内心	誓言是给自己看的	会空洞，缺乏长久可行性	可以接受。默认已部分公开了，但觉得没有必要公开	分人。有人会敷衍，就没用	有。如未真系统认识过，可能认为只是偶尔错一回，但写过誓言后就会掂量	如果内容可以接受，可以会签。大家一样都签一样的，相当于没有约束力

伦理建设难在知信行统一[一]

杨 斌

对企业而言，如果持有推动社会进步、环境和谐的初心，那么每次面对伦理困境进行的伦理决策，都是一次实践并完善其道德与价值取向的过程。对学生而言，如果认识到创造与人为善的美好生活是工程活动的目标，这样的学习就更是让伦理教育促其全面发展的过程。

不只是工程教指委，MBA 教指委、法律教指委、MPA 教指委、临床医学教指委都在行动，很多专业硕士、博士研究生的培养方案都明确增加了职业伦理课程和环节，这一课程越来越受到院校的重视（同时在师资的引进、培养上给院校提出了很大的挑战，教学法和针对性强的案例也凸显出奇缺的现状）。专业认证标

[一] 原系杨斌教授为《世界 500 强企业伦理宣言精选》（丛杭青主编，清华大学出版社 2019 年 9 月版）所作序言，有删节。

准在不断强化伦理要求，并针对性地考察院校是否能够切实地保证学生"真的学到了"（assurance of learning）。

我作为一个曾经多年参与伦理课程教学的老师，知道这可不容易，不只是"学生真能学到"这个教学目标的达成很不容易，就连以什么方式才能量度出"学生是否真学到了"也不容易。因为你要面对的难题恰恰是涉及价值观、道德立场、伦理准则的难以观测性。不能只是"听其言"，你还希望"观其行"，而对其中的"行"，你还希望分辨是"一过性的""一时的"，还是"一贯的"；是被迫的，还是自觉的；是首尾一致的，还是首鼠两端的，等等。这恐怕不是通过书面考试能够判断出来的，这也是我特别担心的，即把这类课程过度知识化，把"伦理课"上成了"伦理学课"。学生也许富有技术性地热烈讨论了很多伦理学的知识，增广见闻、添了谈资，却并没有因此而影响（塑造）自己的价值选择和行为，恐怕是这类课程很大的（隐性）失败。说它隐性，是因为你往往要日后很久才能觉察，而往往为时已晚。这也是在大学开展伦理教育面临的挑战，即如何让学生摆脱"纸上谈兵""王顾左右"、隔靴搔痒，思考并承担那些价值选择背后的责任。

所以，我希望本书的讨论能引起更多师生和社会、产业界的关注，使之投注注意力、思考力和行动力，但又想借此时机，提醒我们，不能只用眼睛读，还得用上心力，这样才能构成与自己的立场和判断的对话。

500 强企业的伦理宣言、企业座右铭都是很好的案例。如果将之跟它们在许多关键时刻的遭遇和决策结合在一起对照着看，就更有意思，也更有意义。甚至可以说，我们每天看到这些企业的"伦理进行时"，都不妨拿出这本书[⊖]来，看看它们立下的"flag"[⊜]，面临现实中的考验，是淬火后更强大，还是失言、失信后滑落圣坛。不要简单地赞扬或者讥诮这些主人公，更要将自己代入，看看在同样的情境下，你的行为会有什么同与不同，设身处地、扪心自问。这样的反思醒悟多了，在写作你的座右铭、公司的价值宣言时，就能更珍惜承诺，不轻言诺，摈弃夸夸其谈。每一句宣言和承诺也就能根植于组织的文化与习惯当中，成为困境来临时，组织成员说一不二的自觉选择。

不论企业还是领导者的伦理，知是重要的基础，行是关键的成果，而信在二者中道出了伦理的难。基业长青的人与组织都得让我知、我信、我行统一起来才成。

伦理（教育）建设是个久久为功的积德大事，功不唐捐，路上的每一步都值得鼓励，同道共勉之。

⊖　此处指丛杭青主编《世界 500 强企业伦理宣言精选》（清华大学出版社 2019 年 9 月版）。

⊜　网络用语，指目标。

延伸思考

1. 考古学课上，A 教授介绍了不同时期的古代墓葬的型制特征、发掘过程中需要注意的基本问题。有学生提问：既然古代墓葬中不仅有古代的器物遗存，更隐藏着许多解读甚至改写历史的密码；既然参与发掘重要的古代墓葬，是考古学家职业生涯中难得的经历，对实现考古学人个人的学术成就，对考古学科的发展至关重要，那么为何考古学界还要有一条不成文的规矩，即对于重要的古代墓葬，除非有必要（比如若不发掘就会永久失去），则应以保护为原则？支持这样做的理由可能有哪些？

［拓展阅读：张小虎，《考古学中的伦理道德——我们该如何面对沉默的祖先》，见西北大学文化遗产与考古学研究中心，《西部考古》(第六辑)，西安：三秦出版社，2012：6-51。］

2. 新闻学课上，学生向 B 教授请教：既然您强调了新闻的真实性和时效性，那么对于一个举国震惊的刑事案件，在警方完成侦办，检方决定起诉而诉讼尚未开始的当口，检方主动联系新闻媒体披露案情，新闻媒体是否可以据此进行原原本本的报道？ B教授该怎样回应？

[拓展阅读：中央电视台新闻评论部编，《新闻背后的新闻：〈新闻调查〉1997 实录》，北京：中央编译出版社，1998：119-127。]

3. 诗人调侃中文系，写道：

中文系是一条撒满钓饵的大河

浅滩边，一个教授和一群讲师正在撒网

网住的鱼儿

上岸就当助教，然后

当屈原的秘书，当李白的随从

当儿童们的故事大王，然后，再去撒网

有时，一个树桩般的老太婆

来到河埠头——鲁迅的洗手处

搅起些早已沉滞的肥皂泡

让孩子们吃下。一个老头

在讲桌上爆炒野草的时候

放些失效的味精

这些要吃透《野草》的人

把鲁迅存进银行，吃他的利息

……

老师说过要做伟人

就得吃伟人的剩饭背诵伟人的咳嗽

如果中文系真的是这个样子，从伦理的角度看，其存在哪些问题？

［拓展阅读：李亚伟，《中文系》，见唐晓渡选编，《灯心绒幸福的舞蹈——后朦胧诗选萃》，北京：北京师范大学出版社，1992:83-88。］

4. 电影学院的学生在毕业前要完成一份毕业设计。C君很早就选定了人性与兽性（动物性）的主题，并试图向影片《与狼共舞》致敬。他通过特殊关系得到了一头狼幼崽，并将自己饲养幼狼以及和幼狼相处的过程拍摄下来，作为毕业设计的原始素材。D君也选择了近似的主题，但他担心养育幼狼有危险，于是决定用幼犬，然后通过后期制作把狗的形象换成狼。两位毕业生的选题是否需要经过伦理审查委员会的审查？如果伦理审查委员会接到这类申请，该如何判断？

［拓展阅读：李邑兰，《剧本！剧本！剧本！——〈狼图腾〉导演让·雅克·阿诺为什么需要5年，南方周末，2014-3-20（E21、E22）。］

5. 农学院附设了一个动物试验场。饲养的动物主要供教学科研之用。近几年，由于新引进了一些大型猫科、灵长类动物，试验场也引起了公众的关注。农学院遂顺应社会需要，在周末对市民开放。门票收入正好可以弥补饲养成本。不过，近期由于饲料、人工成本上升，试验场明显入不敷出。几次突袭的疫情也使得大型动物大幅减损。同时，学院的学生多来自偏远贫困地区，家庭条件普遍不好，需要靠资助完成学业。综合考虑后院方决定，招募学生勤工俭学，在周末扮演大型猫科动物（如狮子）、灵长类动物（如大猩猩），以供公众参观。此举不仅可以改善家庭经济条件不佳的学生的处境，也可以缓解试验场乃至学院的财务压力，同时也不会打击市民参观的热情。问题是，要不要对公众说明，他们参观的动物都是人扮演的？说和不说，各有何利弊？如果不说，对学生又意味着什么？

6. 近代史研究所为新入学的博士生举行师生见面会。E 主任在致辞中寄语同学：大家在博士阶段要尽快完成从学生到学者的转变。希望大家热爱所学专业，热爱自己所做的研究工作。在座教授纷纷表示赞同，而后又依次介绍自己的研究领域。F 教授说自己是研究汪精卫的，G 教授说自己研究伪满洲国……一个博士生听罢，心中暗自思忖：若按 E 主任的说法，那教授们岂不是要爱汉奸和伪政权？这怎么使得？如何消除该博士生的困扰？

7. H 教授在学期的第一次课上郑重宣布了课堂纪律：严禁任何人上课迟到。结果，第二次上课，他的汽车就因交通拥堵被困在了距离校园两个街区的路口。如果 H 教授因此迟到，是否可以获得原谅？如果 H 教授当机立断，弃车跑步前往教室，但因此导致了更大范围的堵车，那么他的行为是否妥当？此举是否有损于他作为一名负责任的教师的形象？

8. 一所小学校的老师平日教育学生要爱惜公物："学校里的桂花开了，大家不要攀折；如果你攀我攀，一下子就会把桂花糟蹋完，大家就不能闻到桂花香了。"然而，几天以后的早上，学生却看到树下铺着白被单，三位老师正用竹竿敲打树枝，树顶上还有一位老师在攀折敲打不到的树枝。最终，四位老师收获了一大包桂花，打算分掉拿回去做桂花团子吃。

［延伸阅读：黄淬，《我们的老师也这样》，见新知识出版社编，《我们的老师也这样——小品文集》，上海：新知识出版社，1955：34-38，原载于《辅导员》1955（2）。］

9. J 教授和 K 教授的着装总能吸引课堂上学生的目光。有的学生甚至因此而整节课心不在焉。J 教授每次上课前都会认真检查自己的仪表：西装、衬衫都经过了熨烫，一个褶皱都没有，领带也是精心挑选的，不仅和西装颜色匹配，每次图案还都不重样。如果不是站在教室里，J 教授的装束会让人感觉他正要去参加某个盛大的典礼。K 教授上课时的形象则以"自然""随意"著称。夏天，他会穿着拖鞋、休闲短裤去上课。冬天，他也只是在外面加一件长摆的薄料大衣，上课前还会脱下。他的头发好像从没梳理过，外套的扣子不是缺了一颗，就是系串了位置。还有一位 L 教授，平时穿着随意，甚至邋遢，但一遇上课，必先打理一番，与平日判若两人。从育人的角度看，登上讲台的教师究竟该如何着装才算负责的表现？

10. 有学生请 M 教授帮忙撰写推荐信，以便申请其他学校的研究生。M 教授应承下来，结果却由于忙碌忘记了，以致过了截止期限还没有向对方学校的网站提交推荐信。如何评价 M 教授的行为？ N 教授也遇到写推荐信的事。这次，一个他非常了解的学生打算申请本校的研究生。N 教授认真且按时完成了推荐信。之后有同事邀请他担任研究生入学面试评委，他也应允了。在现场，他发现参加面试的考生中有自己之前推荐的学生。N 教授是否应该提出回避？如果他没有提出回避，而其他评委出于某种偏见执意拒绝该学生的申请，N 教授是否该替该生做一些辩解？如果 N 教授在现场什么都没说，事后被拒绝的学生找到他询问缘由，他是否该把评委中的分歧如实告知？

11. 英语系翻译课上，P 教授让大家传阅一本非常畅销的美国企业家传记的中译本。书中提到：主人公要对付公司内部出现的一些高管人员构成的"反对派"的"政治阴谋"。于是，他一个一个地跟公司董事去"沟通"，争取他们的支持；与此同时，那位反对派首领也在跟公司中很多董事"密谋勾结"。总之，坐到大摊牌的会议桌前时，局势微妙，主人公是"胸有成竹"，而那位反对派首领则是"心怀鬼胎"。而后，P 教授又亮出了原著。两相比照，可以发现上述引号内的生花妙笔在英文原著中其实都是很普通的词语，也没有明显的褒贬之意。怎么看"过度翻译"？又该怎么看"过度教学"？

[拓展阅读：杨斌，《平常心，领导力》(译者跋)，见小约瑟夫·巴达拉克，《沉静领导》，杨斌译，北京：机械工业出版社，2008。]

12. P教授还受邀参加了一次给大中小学生开列课外阅读书目的活动。基于对自己本专业的热爱，他给中学生推荐的语言文字能力提升书目包含的都是汉译的世界文学名著。与这份洋气的书单不同，Q教授给小学生推荐的品德修养书目中都是《弟子规》《三字经》这样的传统读物。R教授给大学生开列的古代文明拓展书目中则包括了全本的《金瓶梅》。如果不加任何说明，就把上述书目发给相应的学生，是否妥当、尽责？如果要附加一份针对任课教师的使用说明，里面该说些什么？

13. S教授要求学生在文学赏析课前先自行阅读法国作家儒勒·凡尔纳的名篇《八十天环游地球》。课上，S教授所提出的问题都属于"知识考点"性质的问题，他希望借此来考查学生阅读的仔细和记忆的牢固程度。

（1）填空题：《八十天环游地球》的作者是_____国作家_____，他还写过_____、_____、_____。

（2）判断题：《八十天环游地球》的主人公与同在俱乐部里的拉尔夫的赌注是两万英镑。（　　　）

（3）选择题：福克先生的仆人来自（　　　）。A. 法国　B. 英国

如何评价S教授的提问？这种评价是否因其所处的是基础教育或是高等教育的课堂而有所不同？"知识考点"性质的问题在课堂讨论中的价值如何？如果你是教授地理或历史科目的教授，你针对该小说会提出哪些问题以引起学生的讨论？

导言

1. 梅贻琦校长的《大学一解》实是在西南联大教务长潘光旦为其拟的草稿的基础上加工而成的。参见潘光旦 . 大学一解，载《潘光旦教育文存》，人民教育出版社 2002 年版。

2. 杨斌 . 新时代更要重视人文红利 [J]. 瞭望，2018（19）.

3. 见《论语 · 雍也》。

4. 爱因斯坦语。

5. 见（东晋）陶渊明《五柳先生传》。

6. 见（宋）柳永《蝶恋花 · 伫倚危楼风细细》。

7. 由汪鸾翔先生作词，张慧珍女士作曲。

8. 即唯分数、唯升学、唯文凭、唯论文、唯帽子。

9. 见（南宋）辛弃疾《青玉案 · 元夕》。

10. 杨斌 . "学好"的三层境界 [N]. 学习时报，2020-01-10.

11. 见梅贻琦,《大学一解》。

第一章

1. 本段出自清华大学新闻网刊发的《大学的人性面：颠覆与祛魅——杨斌出席首届未来教育大会并做主题演讲》，有修改，见 http://news.tsinghua.edu.cn/publish/thunews/10303/2017/20171206135459552905961/20171206135459552905961_.html，2019 年 11 月 28 日访问。

第二章

1. 朱东润.古文鉴赏辞典 [M].南京：江苏文艺出版社，1987：726.

2. 当然，这里无意否认包括课外活动等与课堂教学有关的其他教育环节，如科研训练，甚至只是课程设置（开设什么课，何时开设，必修还是选修），对于人才培养的重要价值。"大学课程是学生为获得学位而必须参加的一系列学术计划，但它的真正内涵远非一本学生手册里的学分规定那样简单。课程传达的是一所大学对教育本质的诠释。"见哈瑞·刘易斯.失去灵魂的卓越：哈佛是如何忘记教育宗旨的 [M].侯定凯，译.上海：华东师范大学出版社，2007：18.

3. 课堂教育的范围要大于课堂教学，它至少还包括了课程设置、选修必修比重、选退课机制、课堂学生成绩分布比例等与教务有关的内容。

4. 斯特赖克，索尔蒂斯.教育伦理 [M].洪成文，等译.北京：教育科学出版社，2007.

5. 杨晓峰.当代教学伦理研究综述 [J].教学与管理，2011：6.

6. 杨晓峰.当代教学伦理研究综述 [J].教学与管理，2011：3.

7. 蒿楠.教学伦理：内涵、关键话题与实践回应 [J].思想理论教育，

2013（12）：13.

8. 季明峰，代建军.教学伦理研究综述 [J].教育导刊，2013：20-21.

9. 汪明，张睦楚.对开展教学伦理学研究反对之声的回应与批判 [J].中国教育学刊，2015（8）：8.该文还强调："伦理是教学应有之品性，教学不是也不可能是与伦理无涉的""教学并非天然良善，对其进行伦理审视绝非多此一举"。与这一居中持平的论断不同，有观点认为："任何形式的教学，不论其目的、内容，还是其方式、手段、过程，都具有伦理德性的标准，都具有伦理价值，都必须承担伦理责任。"见赵荣辉，金生鈜.大学的伦理德性与内部治理 [J].高等教育研究，2019, 4:38.该说法未免有将教学泛道德化的倾向，毕竟教学环节中应该还有一些与道德或伦理无涉的部分。

10. 米靖.大学教学伦理初探 [J].北京科技大学学报（社会科学版），2007（1）：137.

11. 米靖.大学教学伦理初探 [J].北京科技大学学报（社会科学版），2007（1）：140.

12. 祝新宇，曾婷.责任：教学伦理的核心 [J].中国德育，2012（3）：55.

13. 王锦飞.教学伦理问题不容回避 [J].思想政治课教学，2011（12）：4-5.

14. 吴文胜，汪刘生.教学伦理透视 [J].浙江教育学院学报，2009（5）：8.

15. 伍俏玲.教学伦理的缺失与重建 [J].当代教育科学，2012（21）：18.

16. 李小红.有效教学的伦理自觉 [J].当代教育科学，2013（6）：14.

17. 周建平.教学伦理研究：一个值得关注的课题 [J].教育评论，2001（3）：20.

18. 唐广君.教学伦理——促进师生之间的民主、平等和对话 [J].江苏教育，2010（10）：48.

19. 潘小春.什么是"好"教学：教学伦理概念辨析——基于赫尔巴特"教育性教学"的视角 [J].教育理论与实践，2015（13）：53.

20. 美国哈佛大学哈佛学院前院长哈瑞·刘易斯指出："'好的教学'（good teaching）的内涵比我们通常的理解更加广泛。好的教学不仅意味着流利的语言，不让学生睡着，也不仅意味着教师讲授的课程要'内容清晰，结构合理'——这只是哈佛的课程评价问卷上要求学生给教师做 5 分制打分的标准。"见哈瑞·刘易斯. 失去灵魂的卓越：哈佛是如何忘记教育宗旨的 [M]. 侯定凯，译. 上海：华东师范大学出版社，2007：68-69.

21. 比如，教育部《新时代高校教师职业行为十项准则》（2018）规定：大学教师"不得索要、收受学生及家长财物，不得参加由学生及家长付费的宴请、旅游、娱乐休闲等活动，或利用家长资源谋取私利。"教育部、中国教科文卫体工会全国委员会《中小学教师职业道德规范》（2008 年修订）提出：（教师应）"不讽刺、挖苦、歧视学生，不体罚或变相体罚学生"（第 3 条），"不利用职务之便谋取私利"（第 5 条）。

22. 韦森. 经济学与伦理学：探寻市场经济的伦理维度与道德基础 [M]. 上海：上海人民出版社，2002：11.

23. 费尔南多·萨尔瓦多. 伦理学的邀请 [M]. 于施洋，译. 北京：北京大学出版社，2015：43-44.

24. 《简明伦理学辞典》编辑委员会. 简明伦理学辞典 [M]. 兰州：甘肃人民出版社，1987：564.

25. 《简明伦理学辞典》编辑委员会. 简明伦理学辞典 [M]. 兰州：甘肃人民出版社，1987：565.

26. 何怀宏. 一种普遍主义的底线伦理学 [J]. 读书，1997（4）：14.

27. 汪明，张睦楚. 对开展教学伦理学研究反对之声的回应与批判 [J]. 中国教育学刊，2015（8）：7-8.

28. "所有的教师都是以他们自己实践他们的训言的程度来做他们的学生

的榜样，并通过告诫来激励他们的。"见色诺芬.回忆苏格拉底 [M].
吴永泉，译.北京：商务印书馆，1984：10.

29. 孙波.墨子（全文注释本）[M].北京：华夏出版社，2000：164.

30. 陈晓芬，徐儒宗，译注.论语·大学·中庸 [M].2 版.北京：中华书
局，2015：116.

31. 孙波.墨子（全文注释本）[M].北京：华夏出版社，2000：165.

32. 钱小军，姜朋.你知道我的迷惘：商业伦理案例选辑 [M].北京：清
华大学出版社，2016：III.

33. 朱东润.古文鉴赏辞典 [M].南京：江苏文艺出版社，1987：726.

34. 罗纳德·格罗斯.苏格拉底之道 [M].徐弢，李思凡，译.北京：北
京大学出版社，2015：13.

35. 张广君，宋文文.教师"为他责任"伦理：言说与批判 [J].高等教育
研究，2019（2）：31.

36. 哈瑞·刘易斯.失去灵魂的卓越：哈佛是如何忘记教育宗旨的 [M].
侯定凯，译.上海：华东师范大学出版社，2007：17.

37. 哈瑞·刘易斯.失去灵魂的卓越：哈佛是如何忘记教育宗旨的 [M].
侯定凯，译.上海：华东师范大学出版社，2007：31.

38. 哈瑞·刘易斯.失去灵魂的卓越：哈佛是如何忘记教育宗旨的 [M].
侯定凯，译.上海：华东师范大学出版社，2007：31.

39. 约翰·亨利·纽曼.大学的理念 [M].高师宁，何克勇，何可人，何
光沪，译.贵阳：贵州教育出版社，2003：138-140.原文见纽曼.大
学的理念（英文）[M].北京：中国人民大学出版社，2012：133-135.

40.《清华大学校刊》(1931 年 12 月 14 日，第 341 号)。

41. 有学者讨论了"不言之教"的话题。见卞桂平，汪荣有.刍议"不言
之教"的教学伦理旨趣 [M].教育导刊，2018.

42. 换个角度，"空与满"的话题还表现为"慢与快"。见姜朋.文科的

竞慢特质 [J]. 社会科学论坛，2012（11）：112-117.

43. 杨秀峰，《当前高等教育工作的几个主要问题》，见中华人民共和国第一届全国人民代表大会第三次会议文件 [M]. 北京：人民出版社，1956：210。

44. 罗素，《我为什么而活着》。原文为：" Three passions, simple but overwhelmingly strong, have governed my life: the longing for love, the search for knowledge, and unbearable pity for the suffering of mankind. "

45. 有学者将关怀与正义并列为"当今时代教师道德的重要要求，是教师道德价值取向的基本维度"。见沈辉香，何齐宗 . 正义与关怀：教师道德价值取向的诠释 [J]. 高等教育研究，2019（4）：57.

46. 古森重隆 . 灵魂经营：富士胶片的二次创业神话 [M]. 栾殿武，译 . 成都：四川人民出版社，2017：3.

47. 鲁迅，《给颜黎明的信》，见人民教育出版社小学语文编辑室 .（五年制小学课本）语文（第九册）[M]. 北京：人民教育出版社，1982：4.

48. 一个例子是罗尔纲跟从胡适学习的经历。见罗尔纲 . 师门五年记·胡适琐记 [M]. 北京：生活·读书·新知三联书店，2006. 马克斯·韦伯也说过："一个教授，如果感到有义务给青年人当顾问，并且受到他们的信任，那就愿他在与他们倾心交谈时完成使命。"见马克斯·韦伯 . 伦理之业：马克斯·韦伯的两篇哲学演讲（最新修订版）[M]. 王容芬，译 . 桂林：广西师范大学出版社，2008：28.

49. 姜朋 . 异哉，所谓"淘汰腾空间"[J]. 社会科学论坛，2013（11）：160-162.

50. 哈佛委员会 . 哈佛通识教育红皮书 [M]. 李曼丽，译 . 北京：北京大学出版社，2010：39.

51. 缪文远，李萌昀 . 战国策 [M]. 北京：中华书局，2016：299. 该篇亦称《触龙说赵太后》。

52. 钱颖一 . 如何理解"无用"知识的有用性 [N]. 北京日报，2015-6-15.

第三章

1. 杨玉圣，张保生 . 学术规范读本 [M]. 开封：河南大学出版社，2004：778. 即使是来自美国的学者也认为，科研人员就"负责的科研行为"所需的"良好的科研道德，也即'integrity'"所达成的基本共识包括：诚实、精确、客观、高效四个方面。见美国医学科学院，美国科学三院国家科研委员会 . 科研道德：倡导负责行为 [M]. 苗德岁，译 . 北京：北京大学出版社，2007：3. 该书所署的作者中的"美国科学三院"其实是美国科学院、美国工程科学院、美国医学科学院的合并简称。可惜该书中文版并未给出三院的英文全称，且其中显然包含了另外具名的"美国医学科学院"，读来颇感蹊跷。据该书英文版"Integrity in Scientific Research: Creating an Environment That Promotes Responsible Conduct"（第 1 版），四家机构作者分别是：National Research Council，Division on Earth and Life Studies，Institute of Medicine，Board on Health Sciences Policy，Committee on Assessing Integrity in Research Environments。

2. 2005 年 12 月 31 日，清华大学经济管理学院学术委员会和院务会（党政联席会议）联合下发了《学院关于加强学术道德建设的通知》，附件转发了《清华大学关于加强学术道德建设的若干意见》《清华大学教师学术道德手册（试行）》《清华大学保护知识产权的规定（试行）》《清华大学关于学术不端行为的处理办法（试行）》四个文件。

3. 国内很多学者著述讨论的多还是"学术道德"问题。如黄富峰，宗传军，马晓辉 . 研究生学术道德培育研究 [M]. 北京：中国社会科学出版社，2012. 杨萍，等 . 高校学术道德与学术诚信体系建设问题研究 [M]. 成都：西南财经大学出版社，2015. 此外，一些以"学术伦理"为名的著述讲的其实还是"学术道德"。见罗志敏 . 学术伦理规制——研究生学术道德建设的新思路 [M]. 北京：知识产权出版社，2013. 龙红霞 . 学术伦理及其规制研究 [M]. 重庆：西南师范大学出版社，2017.

4.　2017 年 4 月，中国作者发表的 107 篇论文被斯普林格自然出版集团旗下期刊《肿瘤生物学》（*Tumor Biology*）撤销。原因是其编造审稿人和同行评审意见。作者来自复旦、浙大、中南、上海交大等国内知名高校。此前，2015 年 8 月，斯普林格曾撤回旗下 10 个学术期刊已发表的 64 篇中国作者的论文。这些论文存在着不同作者、不同评审人使用相同的电子邮箱，有人批量操作论文投稿和回复评审意见等情况，出版方据此认定存在论文发表的"第三方"在帮助论文作者弄虚作假。

5.　2008 年 5 月 20 日~6 月 23 日，含"黄金大米"实验组的试验在湖南省衡南县江口镇中心小学实施。试验对象为 80 名儿童，随机分为 3 组。5 月 22 日，课题组召开学生家长和监护人知情通报会，但没有向受试者家长和监护人说明试验将使用转基因的"黄金大米"。现场未发放完整的知情同意书，仅发放了知情同意书的最后一页，学生家长或监护人在该页上签了字，而该页上没有提及"黄金大米"，更未告知食用的是"转基因水稻"。该项目负责人、美国塔夫茨大学的汤光文在美国烹调"黄金大米"后，未按规定向国内相关机构申报，于 5 月 29 日携带入境。6 月 2 日午餐时，汤光文等人将加热的"黄金大米"米饭与白米饭混合搅拌后，分发给受试儿童，有 1 组 25 名儿童每人食用了 60 克"黄金大米"米饭。同日，塔夫茨大学伦理审查委员会通过了对该项目中文版知情同意书的伦理审批。但该研究知情同意书中未提及试验材料是"转基因水稻",只是称之为"黄金大米"。此前 2003～2006 年批准的该研究知情同意书中均有"黄金大米"是"转基因水稻"的描述。2003 年 11 月,浙江省医科院伦理审查委员会曾通过该项目的伦理审查。但 2008 年项目现场工作转到湖南后,项目负责人未按规定再次申请伦理审查,王茵根据荫士安提供的材料,利用职务之便,私自加盖公章以浙江省医科院的名义向汤光文出具了英文版"2003 年的伦理审查结果仍然有效"的证明。

6. 参见王洁 . 宅在月宫一整年 [J]. 航空知识,2018(4):26-28. 事实上,"月宫 365 实验"延长了 5 天,于 2018 年 5 月 15 日结束。"刘红教授团队成功完成持续时间最长(370 天)、闭合度最高(98%)的生物再生生命保障系统实验。"俞敏 . 地外生存,最需要的是心理健康 [J]. 航空知识,2018(7):13. 文中提到,"在'月宫'中,有 6 周的遮窗实验——4 名舱内乘员先要完成 3 周无自然光、无外部景观的实验,再完成 3 周有自然光、无外部景观的实验""本来看着倒计时表数已经接近个位数,'归心似箭'的舱内乘员接到延期 5 天出舱的命令……"

7. 有媒体报道称,太原科技大学经济与管理学院要求全体学生每天早晨六点半起来围操场跑 4 圈。自习课后,学院派一个女生以不准乱翘跑为理由,要求登记全院女生生理期时间。2018 年 3 月 19 日,该院团委办公室工作人员对媒体表示,此事由个别管理晨跑请假的学生对部分班级做出,并非老师或学院授意。在学院老师知晓后,立即叫停登记女学生生理期的行为,晨跑制度继续执行,见 https://weibo.com/ttarticle/p/show?id=2309351002454219385832151604&u=1461054253&m=4219385792750391&cu=1461054253,2018 年 3 月 20 日访问。

8. 见 http://news.sina.com.cn/o/2015-10-11/doc-ifxirmqz9844911.shtml，2018 年 3 月 17 日访问。

9. 面临类似问题的还有经济学家。"由于经济学家在经济政策的制定过程中扮演着至关重要的角色，公众对于经济学家清廉的信心将在一定程度上取决于其处理潜在利益冲突的方式。"转引自彭立.防范经济学家成"托儿"[N].人民日报，2011-1-19：（21）．

10. 弗兰克·纽曼，莱拉·科特瑞亚，杰米·斯葛瑞.高等教育的未来：浮言、现实与市场风险 [M].李沁，译.北京：北京大学出版社 2012：66-67.

11. 在科幻小说《三体》中，观测者收到外星来电，到底要不要应答回复，就不是研究人员个人的私事，而是可能影响到全体人类命运的重大选择。刘慈欣.三体 [M].重庆：重庆出版社，2016：264.

12. 刁统菊.民俗学学术伦理追问：谁给了我们窥探的权利？——从个人田野研究的困惑谈起 [J].民俗研究，201，6.丁锦宏.教育科学研究中研究对象的保护伦理 [J].南通大学学报（教育科学版），2008（3）．唐纳德·里奇.大家来做口述史：实务指南（原书第 2 版）[M].王芝芝，姚力，译.北京：当代中国出版社，2006.

13. 钱小军，姜朋.你知道我的迷惘——商业伦理案例选辑 [M].北京：清华大学出版社，2016：III.

14. 美国医学科学院，美国科学三院国家科研委员会.科研道德：倡导负责行为 [M].苗德岁，译.北京：北京大学出版社，2007：11.

15. 见 https://en.wikipedia.org/wiki/Institutional_review_board，2018 年 2 月 6 日访问。

16. 格雷戈里 E 彭斯.医学伦理经典案例（原书第 4 版）[M].聂精保，胡林英，译.长沙：湖南科学技术出版社，2010：262-27.艾伦 M 霍恩布鲁姆，朱迪斯 L 纽曼，格雷戈里 J 多贝尔.违童之愿：冷战时期美国儿童医学实验秘史 [M]. 丁立松，译 . 北京：北京大学出版社，2015.

17. 李歆，王琼 . 美国人体试验受试者保护的联邦法规及对我国的启示 [J]. 上海医药，2008（9）：403.

18. 2009 年，美国启动了针对联邦受试者保护通则的首次大规模修订，强调在为受试者提供更好保护的同时，推动有价值的研究顺利开展，减轻研究者负担。2011 年，"通则修订事先通知"发布并征求意见。至 2017 年 1 月，修订最终完成。张海洪，丛亚丽 . 美国联邦受试者保护通则最新修订述评 [J]. 医学与哲学，2017（11A）：11.

19. 蒋慧玲 . 美国大学伦理审查委员会的运作及其制度基础 [J]. 比较教育研究，2011（3）：17.

20. 卫生部《涉及人的生物医学研究伦理审查办法（试行）》（2007）第 5 条。试行办法第 6 条还要求各医疗卫生机构、科研院所、疾病预防控制和妇幼保健机构等开展涉及人的生物医学研究和相关技术应用活动的机构设立机构伦理委员会。该委员会主要承担伦理审查任务，对本机构或所属机构涉及人的生物医学研究和相关技术应用项目进行伦理审查和监督；也可根据社会需求，受理委托审查；同时组织开展相关伦理培训。其审查职责包括：审查研究方案，维护和保护受试者的尊严和权益；确保研究不会将受试者暴露于不合理的危险之中；同时对已批准的研究进行监督和检查，及时处理受试者的投诉和不良事件（第 9 条）。伦理审查委员会的委员由设立方在广泛征求意见的基础上，从生物医学领域和管理学、伦理学、法学、社会学等社会科学领域的专家中推举产生，人数不得少于 5 人，且应当有不同性别的委员。少数民族地区应考虑少数民族委员（第 7 条）。委员任期 5 年，可以连任。该委员会设主任委员一人，副主任委员若干人，由委员协商推举产生，可以连任（第 8 条）。

21. 国家卫生和计划生育委员会《涉及人的生物医学研究伦理审查办法》（2016）第 5 条。

22. 国家卫生和计划生育委员会《涉及人的生物医学研究伦理审查办法》（2016）第 7 条。

23. 国家卫生和计划生育委员会《涉及人的生物医学研究伦理审查办法》（2016）第 8 条。

24. 国家卫生和计划生育委员会《涉及人的生物医学研究伦理审查办法》（2016）第 9 条。

25. 国家卫生和计划生育委员会《涉及人的生物医学研究伦理审查办法》（2016）第 10 条。

26. 2018 年 12 月 14 日，清华 – 伯克利深圳学院联合管理委员会第四次会议暨清华 – 伯克利深圳研究院理事会第一次会议以远程视频的方式在中国的深圳、北京和美国加州三地同时召开。会议审议并批准设立学院学术伦理审查委员会（Institutional Review Board，IRB）。该委员会将由学院全职教授彼得·洛比（Peter E. Lobie）院士和加州大学伯克利分校倪楚勇（John Ngai）教授领衔筹备，旨在监督涉及人类或动物对象，以及涉及数据隐私等的相关研究，防范伦理道德风险。IRB 主要职责包括：①负责监督涉及人类参与者、动物参与者的研究，确保研究符合有关国家、地方的法律法规；②负责基本学术道德的审查，以确保研究、论文发表等符合有关规定和准则；③提供涉及人类主体、动物主体实验的相关指导，以确保研究设计的合理性、科学实验的完整性，同时确定研究中受试者风险以及是否有助于知识的推广。

    2019 年 4 月 15 日，清华大学经济管理学院党政联席会决定，成立清华大学经济管理学院学术伦理审查委员会（Institutional Review Board of Tsinghua University School of Economics and

Management）；任命钱小军为清华大学经济管理学院学术伦理审查委员会主任委员，陈荣为清华大学经济管理学院学术伦理审查委员会副主任委员，李纪珍、迟巍、刘潇、易成为清华大学经济管理学院学术伦理审查委员会委员。

27. 罗志敏. 大学学术伦理规制：内涵、特性及实施框架 [J]. 清华大学教育研究，2010（6）. 蒋惠玲. 美国大学伦理审查委员会的运作及其制度基础 [J]. 比较教育研究，2011（3）.

28. 见 http://old.moe.gov.cn/publicfiles/business/htmlfiles/moe/s7002/201410/175746.html，2018 年 2 月 7 日访问。

29. 北京市科学道德和学风建设宣讲教育领导小组. 科学道德和学风建设简明读本 [M]. 北京：中国科学技术出版社，2012.

30. 教育部《高等学校学术委员会规程》（2014）第 2 条："学术委员会作为校内最高学术机构，统筹行使学术事务的决策、审议、评定和咨询等职权"。根据《清华大学学术委员会章程》，学术委员会是学校的最高学术机构。其职责之一是"指导、组织学术道德教育活动，受理有关学术不端行为的举报并组织调查，评议、裁决学术纠纷和学术失范行为"。

31. 该委员会由中科院有关领导任主任，成员包括该院有关部门负责人、若干权威科技专家、若干法律和政策专家等。其办事机构设在中科院监察审计局。中科院所属机构应设立科研道德组织，负责科研道德建设和科学不端行为处理。可设立专门机构，或明确由学术委员会行使相应职责。见中国科学院. 关于科学理念的宣言·关于加强科研行为规范建设的意见 [M]. 北京：科学出版社，2007. 比如，中国科学院学部即设有"学部科学道德建设委员会"，是主席团下设的专门委员会之一，负责组织和领导学部的科学道德和学风建设工作，如"制定和修订院士行为规范"。见 http://www.casad.ac.cn/chnl/300/

index.html，2018 年 3 月 15 日访问。

32. 中国科学院《关于加强科研行为规范建设的意见》。见北京市科学道德和学风建设宣讲教育领导小组 . 科学道德和学风建设简明读本 [M]. 北京：中国科学技术出版社，2012：164.

33. 《北京大学学术道德委员会工作办法》（2008）第 2 条。

34. 《北京大学教师学术道德规范》（2007）第 5 条。

35. 不过，在 2018 年 4 月的"沈阳事件"中，率先出面发声的却是"教师职业道德和纪律委员会"。此前，《中共北京大学委员会关于巡视整改情况的通报》（2017）中提到"对教师违背职业道德规范和其他违规违纪行为，由学校教师职业道德和纪律委员会及其办公室负责调查和处理。"

36. 教育部《高等学校学术委员会规程》（2014）第 11 条规定："学术委员会可以就学科建设、教师聘任、教学指导、科学研究、学术道德等事项设立若干专门委员会，具体承担相关职责和学术事务"。第 6 条第三款规定："学校可以根据需要聘请校外专家及有关方面代表，担任专门学术事项的特邀委员"。

第四章

1. 21 世纪教育研究院编写的《中国教育发展报告（2017）》中收录了一份针对北京中小学生校园欺凌情况的调查报告。该调查抽取了北京市 12 所学校（4 所小学、4 所初中和 4 所高中）的小学生（五年级）、初中生（初二）和高中生（高二），共得到有效调查问卷 1003 份。结果显示，40.7% 的被调查学生有被叫难听绰号的经历。见阚枫：《北京中小学校园欺凌调查：超 4 成学生曾被叫难听绰号》，http://www.chinanews.com/sh/2017/04-18/8202603.shtml，2020 年 5 月 27 日访问。

2. 网友 Yilia 发布于 2019 年 8 月 11 日，见 https://www.zhihu.com/question

/271047716/answer/1227225952，2020 年 5 月 27 日访问。

第五章

1. 梅因 . 古代法 [M]. 沈景一，译 . 北京：商务印书馆，1959：97.

2. 潘阳 . 普通高等学校招生并轨改革 [N]. 光明日报，1996-4-9(6).

3. 中国社会科学院语言研究所词典编辑室 . 现代汉语词典（第 6 版）
   [M]. 北京：商务印书馆，2012：635.

4. 该剧由马修·维纳创作，乔·哈姆、伊丽莎白·莫斯等主演，2007
   年 7 月 19 日起在美国经典电影（American Movie Classics，AMC）
   频道首播，全剧共 7 季 92 集，已于 2015 年完结。

5. 邓小平，《党和国家领导制度的改革》。见邓小平 . 邓小平文选
   （1975—1982）[M]. 北京：人民出版社，1983：293.

第六章

1. 姜朋 . 现实与理想：中国法律硕士专业学位教育 [J]. 中外法学，2005
   （6）.

2. 教育部《关于做好全日制硕士专业学位研究生培养工作的若干意见》
   （教研〔2009〕1 号，2009 年 3 月 19 日）。国务院学位办《关于转发
   〈全日制硕士专业学位研究生指导性培养方案〉的通知》（学位办
   〔2009〕23 号，2009 年 5 月 19 日）。方流芳教授批评了法学教育
   缺乏"第一学位"的现象。见方流芳 . 追问法学教育 [J]. 中国法学，
   2008（6）：15-16.

3. 《清华大学招收"论文博士生"工作的实施办法》。见祝乃娟 . "论文
   博士"应该被取缔 [N].21 世纪经济报道，2012-5-8（4）. 李慧翔 . 国
   外的"论文博士"并不水 [N]. 南方周末，2012-5-17（E32）.

4. 2014 年 6 月 22 日中国政府网发布的《国务院关于加快发展现代职业教育的决定》(国发〔2014〕19 号，2014 年 5 月 2 日制定，发布时有删减) 提出，"建立以职业需求为导向、以实践能力培养为重点、以产学结合为途径的专业学位研究生培养模式。"其实，不只是研究生教育，教育部已在考虑在高考时分设"技能性"与"学术型"两种模式。见许路阳."高考将分'技能性''学术型'两模式"[N].新京报，2014-3-23 (A08).国务院《关于加快发展现代职业教育的决定》提出，"采取试点推动、示范引领等方式，引导一批普通本科高等学校向应用技术类型高等学校转型，重点举办本科职业教育""高等职业教育规模占高等教育的一半以上"，到 2020 年，"接受本科层次职业教育的学生达到一定规模"。

5. 《清华大学有权授予的专业学位名称》(2011)，见清华大学研究生院编，《清华大学研究生工作手册》，2013 年 8 月，第 35 页。此外还有教育、工程两个专业博士学位项目。

6. 《清华大学可培养工程硕士的工程领域》，见清华大学研究生院编，《清华大学研究生工作手册》，2013 年 8 月，第 36 页。

7. 全国人大常委会《学位条例》(2008) 第 5 条第 (二) 项。

8. 中国樽主创建筑师及负责人吴晨指出："作为一个建筑师，很重要的一点是社会责任感的体现，每一个社会成员对空间的需求都是通过建筑师来实现的，建筑师本身不应该过多地强调自我理想的实现，而更多地应该去体现社会的责任与义务。"见李健亚.马岩松 vs 吴晨：传统 + 社会责任构筑未来 [N].新京报，2014-5-14 (C12).曾金华.财政部、住房城乡建设部携手治理"马路拉链"问题：地下综合管廊试点获中央财政支持 [N].经济日报，2015-1-14 (6).

9. 《每年逾百万候鸟途经多伦多时撞高楼玻璃墙而死》，见 http://news.xinhuanet.com/world/2013-03/23/c_115129872.htm，2014 年 3 月 29

日访问。图片另见 http://pics.focus.cn/tianjin/building/group-394427. shtml#0。

10. Ted Genoways. 龙舌兰的诅咒 [J]. 商业周刊，2013（22）：100-105.

11. 朱东润. 古文鉴赏辞典 [M]. 南京：江苏文艺出版社，1987：726.

12. 韦森. 经济学与伦理学：探寻市场经济的伦理维度与道德基础 [M]. 上海：上海人民出版社，2002：11.

13. 冯·哈耶克，《专门化或专科化的两难困境》，见冯·哈耶克. 哈耶克论文集 [M]. 邓正来，译. 北京：首都经济贸易大学出版社，2001：318.

14. 郑也夫. 吾国教育病理 [M]. 北京：中信出版社，2013：230.

15. 孔子一生学生众多，其第一批学生颜无繇（季路）、冉耕（伯牛）、仲由（子路）、漆雕启（子开）、闵损（子骞）分别比孔子小 6 岁、7 岁、9 岁、11 岁和 15 岁。李零. 丧家狗——我读《论语》[M]. 太原：山西人民出版社，2008：20.

16. 但从孔子删节编就《春秋》的情形看，其在"述"的时候已经有了道德预设，从而教师让学生在阅读学习时也就无法保持中立立场，这是需要注意的。

17. 陈青之. 中国教育史（上）[M]. 长沙：岳麓书社，2010：41-42.

18. 陈青之. 中国教育史（上）[M]. 长沙：岳麓书社，2010：43-44.

19. 刘宏章，乔清举. 论语·孟子 [M]. 北京：华夏出版社，2000：88-89.

20. 刘宏章，乔清举. 论语·孟子 [M]. 北京：华夏出版社，2000：45.

21. 刘宏章，乔清举. 论语·孟子 [M]. 北京：华夏出版社，2000：70.

22. 转引自梁营章，张华毓. 清华附小的德育细节 [M]. 上海：华东师范大学出版社，2013：103.

23. 见《孟子·离娄》。

24. 资中筠先生指出："中国教育不改变，人种都会退化！""中国现在的教育，从幼儿园开始，传授的就是完全扼杀人的创造性和想象力的极端功利主义。教育没有别的目的，就只是奔着升学去……"见钟钢．资中筠：中国教育不改变，人种都会退化 [J]. 南都周刊，2012（29）．还有不少父母选择让自己的孩子在家里接受教育，这样的孩子约有 1.8 万人。周华蕾，杨璐．"叛逃"教育工厂 [N]. 南方周末，2014-4-17（A5）．死读书、读死书，只会扼杀学生阅读的乐趣与对未知世界的好奇心与自主创造力。郑也夫教授也提到过类似问题。见郑也夫．吾国教育病理 [M]. 北京：中信出版社，2013：215. 此外，教育的问题还有"空洞的素质教育论""高学历军备竞赛""智力情感意志发展不平衡""重理轻文""考试标准化"，等等。

25. 一个例证见冯翔．"人生怎么能假设呢?"专访宋彬彬 [N]. 南方周末，2014-3-13（D28）．

26. 张玉学．贪官忏悔录：表功忆苦不忘感恩 [N]. 新京报，2014-1-12（A15）．

27. 柯武刚，史漫飞．制度经济学：社会秩序与公共政策 [M]. 韩朝华，译．北京：商务印书馆，2000：87.

28. 《清华大学研究生课程学习管理办法》（2013），见清华大学研究生院编，《清华大学研究生工作手册》，2013 年 8 月，第 187 页。

29. 冯·哈耶克，《专门化或专科化的两难困境》。见冯·哈耶克．哈耶克论文集 [M]. 邓正来，译．北京：首都经济贸易大学出版社，2001：332.

30. 雷仲康．庄子 [M]. 呼和浩特：远方出版社，2004：4.

第七章

1. 卢梭．社会契约论 [M]. 何兆武，译．北京：商务印书馆，1980：45-46.

2. 韦恩·莫里森．法理学——从古希腊到后现代 [M]. 李桂林，李清伟，侯健，郑云端，译．武汉：武汉大学出版社，2003：7.

3. 程炼．伦理学导论 [M]．北京：北京大学出版社，2008：61．朱庆育．个人主义思想的古希腊渊源 [J]．社会科学论坛，2001（7）：36．

4. 亨德里克·房龙．宽容 [M]．迮卫，靳翠微，译．北京：生活·读书·新知三联书店，1985：39．

5. 亨德里克·房龙．宽容 [M]．迮卫，靳翠微，译．北京：生活·读书·新知三联书店，1985：40．

6. 大卫·里昂斯，《道德判断与法律》，见赫尔德，等．律师之道 [M]．袁岳，译．北京：中国政法大学出版社，1992：159．

7. 约翰 L 雷克特．智利史 [M]．郝名玮，译．北京：中国大百科全书出版社，2009：174-175．

8. 钱昊平．评估之后再建言：取消审批，别"松了绑、留着绊" [N]．南方周末，2014-9-18（B9）．

9. 罗伯特·阿列克西，《德语世界的法哲学——"德语法学思想译丛"总序言》，见赫尔曼·康特洛维茨．为法学而斗争·法的定义 [M]．雷磊，译．北京：中国法制出版社，2011：3．

10. 《稗史类编》卷七四，刑法类·皮场庙。

11. 《国初事迹》。转引自蒲坚．中国法制史（修订本）[M]．2 版．北京：光明日报出版社，1999：198．

12. 美国医学院校有章难循 [N]．参考消息，2000-12-18（6）。

13. Joanne B. Ciulla, Clancy Martin and Robert C. Solomon, *Honest Work*: *A Business Ethics Reader*. 2nd Ed. (New York and Oxford: Oxford University Press, 2011) xxiii.

14. 韦恩·莫里森．法理学——从古希腊到后现代 [M]．李桂林，李清伟，侯健，郑云端，译．武汉：武汉大学出版社，2003：5．

15. 古斯塔夫，拉德布鲁赫．法律智慧警句集 [M]．舒国滢，译．北京：中国法制出版社，2001：112．

16. 王海明 . 伦理学原理 [M]. 北京：北京大学出版社，2009：9.

17. 转引自王海明 . 伦理学原理 [M]. 北京：北京大学出版社，2009：9.

18. 姜朋 . 经济特区立法权问题评析 [J]. 中国法律，2013（2）：31-33.
    姜朋，《刀具故事——规则的变迁与解释》，见葛洪义 . 法律方法与
    法律思维（第 2 辑）[M]. 北京：中国政法大学出版社，2003：289.

19. 乔纳森·海特 . 正义之心：为什么人们总坚持"我对你错" [M]. 胡
    舒月，胡晓旭，译 . 杭州：浙江人民出版社，2014：3.

20. 韦恩·莫里森 . 法理学——从古希腊到后现代 [M]. 李桂林、李清伟，
    侯健、郑云端，译 . 武汉：武汉大学出版社，2003：22-23.

21. 朱柳笛 . 杀警脱逃近 10 天最后一逃犯落网 [N]. 新京报，2014-9-12
    （A10）.

22. 该案牵出的话题还有，警方最终悬赏 15 万元用于缉拿逃犯，而在走
    投无路的情况下，不能排除嫌犯舍身为亲属"谋福利"（且避祸）的
    可能。该悬赏奖金的设置是否正当也需要讨论。

23. 该片由文牧野执导，宁浩、徐峥共同监制，徐峥、周一围、王传君、
    谭卓、章宇、杨新鸣等主演，于 2018 年 7 月 5 日在中国上映。

24. 《中华人民共和国药品管理法》（2013）第四十八条规定："禁止生产
    （包括配制，下同）、销售假药。""有下列情形之一的，为假药……
    （二）以非药品冒充药品或者以他种药品冒充此种药品的。""有下
    列情形之一的药品，按假药论处……（二）依照本法必须批准而
    未经批准生产、进口，或者依照本法必须检验而未经检验即销售
    的……"2019 年 8 月 26 日，十三届全国人大常委会第十二次会议
    审议通过了新修订的《药品管理法》。该法自 12 月 1 日起施行。其
    中对何为假药劣药，重新做出了界定。

25. 韦恩·莫里森 . 法理学——从古希腊到后现代 [M]. 李桂林、李清伟，
    侯健、郑云端，译 . 武汉：武汉大学出版社，2003：5.

26. 哈罗德 J 伯尔曼 . 法律与革命——西方法律传统的形成 [M]. 贺卫方，高鸿钧，张志铭，夏勇，译 . 北京：中国大百科全书出版社，1993：53.

27. 大卫·里昂斯，《道德判断与法律》，见赫尔德，等 . 律师之道 [M]. 袁岳，译 . 北京：中国政法大学出版社，1992：137. 法律实证主义认为法律（实在法）是人为了人的目的而制定出来的某种东西，虽然任何一个社会的法律都可能反映道德和政治选择，但在法律和道德之间没有必然的或者概念上的联系。被认为有效的法律并不需要具有道德性。法律的存在是一个可以通过观察来回答的事实问题，而不是什么复杂的道德解释和评价的过程。经济学实证主义试图与规范经济学区别开来，尽管效果并不十分明显。其中“实证”一词明显保留了 19 世纪归纳科学的某些印记，如将“实证的”理解为“科学的”“理性的”，甚至“客观的”。按照博兰的说法，经济学实证主义又包含了哈佛实证主义、麻省理工学院实证主义、伦敦经济学派实证主义、芝加哥实证主义等变种。劳伦斯 A 博兰 . 批判的经济学方法论 [M]. 王铁生，尹俊骅，陈越，译 . 北京：经济科学出版社，2000：156，158-159. 如今，典型的实证经济学文章的一般套路是：引言、“模型”“来自经验的结果”、诸项结论。同前，第 169 页。

28. 罗伯特·阿列克西，《德语世界的法哲学——“德语法学思想译丛”总序言》，见赫尔曼·康特洛维茨 . 为法学而斗争·法的定义 [M]. 雷磊，译 . 北京：中国法制出版社，2011：3.

29. 何怀宏 . 一种普遍主义的底线伦理学 [J]. 读书，1997（4）：17. 不过，自然法的理想在 18 世纪 90 年代后的法典化运动中透过各国的法典编纂得以体现。舒国滢 .17、18 世纪欧洲自然法学说：方法、知识谱系与作用 [J]. 比较法研究，2014（5）：16.

30. Joseph DesJardins, *An Introduction to Business Ethics*, 4th ed. (McGraw

Hill, 2011), International Edition：4-5.

31. 詹姆士 E 莫里特诺，乔治 C 哈瑞斯 . 国际法律伦理问题 [J]. 刘晓
兵，译 . 北京：北京大学出版社，2013. 迈克尔·舒特 . 执业伦理与
美国法律的新生 [M]. 赵雪纲，牛玥，等译 . 北京：当代中国出版社，
2014.

32. 何怀宏 . 一种普遍主义的底线伦理学 [J]. 读书，1997（4）：14.

33. 何怀宏 . 一种普遍主义的底线伦理学 [J]. 读书，1997（4）：17.

第八章

1. 负责任管理教育原则倡议是由联合国全球契约（United Nations
Global Compact）提出的，旨在激发和支持全球负责任的管理教育和
研究。目前，已有来自 80 多个国家的 500 多个商学院和管理教育机
构签署了这些原则。清华大学经济管理学院就是签署单位之一。

2. 徐贲 . 当代犬儒主义的良心与希望 [J]. 读书，2014（7）：34.

3. Mary C. Gentile, *Giving Voice to Values*: *How to Speak Your Mind
When You Know What's Right*.（New Haven and London: Yale
University Press, 2010）.

第九章

1. 程炼 . 伦理学导论 [M]. 北京：北京大学出版社，2008：1. 比如，在
清华大学就有面向研究生的"工程伦理""科技伦理"等公共选修课，
以及"生命职业伦理和科学道德规范""伦理与企业责任""公共事务
伦理""法律职业伦理""新闻伦理与职业道德""环境伦理学""设计
伦理"等近 20 门专业方向课。

2. "哲学当然不是唯一研究伦理环境的学科，但是，哲学对伦理的思考

却目标明确：研究动机、理性、感情等激发人类行为的根本动因，其意在研究维持我们生活的一整套法则或'标准'。"见西蒙·布莱克本.我们时代的伦理学 [M].梁曼莉，译.南京：译林出版社，2013：5.

3. 理查德 T 德·乔治.经济伦理学（原书第 5 版）[M].李布，译.北京：北京大学出版社，2002：30.理查德 T 德·乔治.企业伦理学（原书第 7 版）[M].王漫天，唐爱军，译.北京：机械工业出版社，2012：14.

4. 见《孟子·娄离下》。

5. 毛泽东，《反对党八股》，见毛泽东.毛泽东著作选读（下册）[M].北京：人民出版社，1986：520.

6. 这几点，都是毛泽东同志当年批评"党八股"时开列的问题。毛泽东，《反对党八股》，见毛泽东.毛泽东著作选读（下册）[M].北京：人民出版社，1986：510-512.

7. 哈瑞·刘易斯.失去灵魂的卓越：哈佛是如何忘记教育宗旨的 [M].侯定凯，译.上海：华东师范大学出版社，2007：31.

8. 哈瑞·刘易斯.失去灵魂的卓越：哈佛是如何忘记教育宗旨的 [M].侯定凯，译.上海：华东师范大学出版社，2007：32.

9. 哈瑞·刘易斯.失去灵魂的卓越：哈佛是如何忘记教育宗旨的 [M].侯定凯，译.上海：华东师范大学出版社，2007：68.

10. 何怀宏，《序言》，见西蒙·布莱克本.我们时代的伦理学 [M].梁曼莉，译.南京：译林出版社，2013：1.

11. 理查德 T 德·乔治.经济伦理学（原书第 5 版）[M].李布，译.北京：北京大学出版社，2002：2.

12. 清华大学法学院申卫星教授有个形象的说法："大学的学习更多时候是：老师把知识粘贴复制到学生脑子里，在考试的时候由学生剪切复制到试卷上。注意是剪切，都留不到脑子里。"见柳林，潘婷瑶.申卫星教授专访：清华法学人的自觉与担当 [J].法苑，2014（4）.

13. 古斯塔夫·拉德布鲁赫.法律智慧警句集 [M].舒国滢，译.北京：中国法制出版社，2001：83.

14. 哈佛委员会.哈佛通识教育红皮书 [M].李曼丽，译.北京：北京大学出版社，2010：203.

15. Louise A Mauffette-Leenders, James A Erskine and Michiel R Leenders, *Learning with Cases*, 4th ed.（London, Ontario: Ivey Publishing, 2007）5-6.

16. 王小波.我的精神家园——王小波杂文自选集 [M].北京：文化艺术出版社，1997：257.

17. C. Roland Christensen, "Every Student Teaches and Every Teacher Learns: the Reciprocal Gift of Discussion Teaching, "*Education for Judgment*: *the Artistry of Discussion Leadership*. Edited by C. Roland Christensen, David A. Garvin and Ann Sweet. (Boston, Massachusetts: Harvard Business School Press, 1991) 99-122.

18.《清华大学校刊》（1931 年 12 月 14 日，第 341 号）。

19. 这一分类参见美国印第安纳州立大学斯哥特商学院何威副教授 2014 年 6 月 18 日在清华大学经济管理学院的演讲。

20. 见 http://blog.csdn.net/zzz_781111/article/details/4855634，2014 年 6 月 25 日访问。

21. 康德.道德形而上学（注释本）[M].张荣，李秋零，译注.北京：中国人民大学出版社，2013：251-252.

22. 康德.道德形而上学（注释本）[M].张荣，李秋零，译注.北京：中国人民大学出版社，2013：252.

23. 见韩愈《师说》。

24. 见《论语·子路》："樊迟请学稼。子曰：'吾不如老农。'请学为圃。曰：'吾不如老圃。'"不过，从后文来看，孔子对这类问题明显有所不屑。

25. 见《论语·述而》。

26. 哈佛委员会.哈佛通识教育红皮书[M].李曼丽，译.北京：北京大学出版社，2010：203.

27. 李瑞环，《1999年1月20日同全国统战部长会议代表座谈时的讲话》。赵蕾.李瑞环谈改革、民生等话题[N].南方周末，2007-4-12（A4）.

28. 诺尔曼·雷德里希，《实案法学教育的道德价值——答科德林教授》，见赫尔德，等.律师之道[M].袁岳，译.北京：中国政法大学出版社，1997：129.

29. 斯坦尼斯拉夫斯基.斯坦尼斯拉夫斯基全集（第四卷）[M].郑雪来，等译.北京：中国电影出版社，1963：65.

30. 格·克里斯蒂、弗·普罗柯菲耶夫，《斯塔尼斯拉夫斯基论演员创造角色》，见斯坦尼斯拉夫斯基.斯坦尼斯拉夫斯基全集（第四卷）[M].郑雪来，等译.北京：中国电影出版社，1963：19.

31. 好的案例具有内在的张力，在其提示的多种可能的选择当中，每一种选择又似乎都不是万全的。这样可以在一定程度上防止出现学生的选择一边倒的情形。在选择案例时，教师也应当注意"熟案例"（即经过作者深度打磨、编辑过的案例）与"生案例"的互补问题。所谓的生案例，就是包含更多原始材料，未经过案例写作者"去粗取精、去伪存真"的案例（甚至只是一堆案例原料，其可能是一个为案件编写准备的大量素材、报道、音频和视频材料，甚至是"正在进行时"的没有后续结果的片段）。在课堂上使用这种案例，可以保持材料、事件的原汁原味，也和管理者真正面临的情境更接近——现实中，决策者往往在没有掌握足够全面的信息时就必须做出决策。由于尚无结论，从而预留了巨大的想象和讨论空间，会对学生产生很大的学习吸引力，当然，这对于学生甄别、权衡、判断的能力挑战也会更大。

32. 人生如戏。古希腊爱比克泰德就认为，我们是一场巨大的宇宙戏剧中的演员。我们不能选择担当的角色，而必须在戏剧的导演或制作人的指导下行动。情节和角色已由作者和导演确定；制作人已经选择不同的人去扮演不同的角色。这出戏的情节就是由遍及万事万物的智慧或理性创作的，舞台就是宇宙。我们认识到我们被安排担当的角色，并全力去演好，就获得了智慧。见韦恩·莫里森.法理学——从古希腊到后现代 [M].李桂林，李清伟，侯健，郑云端，译.武汉：武汉大学出版社，2003：55.当然，这种说法有些消极和被动。

33. 毛泽东，《改造我们的学习》，见毛泽东.毛泽东著作选读（下册)[M].北京：人民出版社，1986：478.

第十章

1. 《对话杨斌老师》，载于《经管专递》总第 7 期（2011 年 12 月），第 4 页。电子版见《批判性思维是一种态度——对话杨斌老师》，http://cms.sem.tsinghua.edu.cn/semcms/xyywcn/51977.htm?tempContent=full，2014 年 3 月 14 日访问。《组织决策与个人成长中的伦理选择》亦即《伦理问题：个人选择与组织决策》。见黛布拉 E 迈耶森.温和激进领导 [M].杨斌，朱童，译.北京：机械工业出版社，2015：XII.

2. 国际商学院联合会由哈佛大学、芝加哥大学、西北大学等世界著名大学管理学院联合发起，成立于 1916 年，其教育认证包括商业

（business）认证和会计（accounting）认证两种。2007年，清华大学
经济管理学院成为中国内地首家通过该认证的商学院。

3. "Retaining the Choice of Actions in Standing Up for Values", *Tsinghua Gateway (International MBA Program Newsletter)*, Issue 6, Nov. 2008, p. 4. "Enhancing Perspectives with MIT Visiting Lecturers", *Tsinghua Gateway (International MBA Program Newsletter)*, Issue 8, Sep. 2009, p. 9.

4. 《到清华教商业伦理的 Leigh Hafrey（哈佛瑞）教授》，见 http://www.sem.tsinghua.edu.cn/portalweb/appmanager/portal/sem?_nfpb=true&_windowLabel=T16801699681269164404982&u=jgszcn%2F21929.htm%3Ftarget%3Dno&_pageLabel=P406244181267422828183，2014年3月21日访问。

5. 《新版MBA课程举办首场教学观摩研讨会》，载于《清华经管学院简讯》2010年春季学期刊（总第7期），第10页。

6. 钱颖一，《新版清华MBA：课程设计——在全国MBA课程改革与创新研讨会上的演讲》（2010年6月9日）。

7. 唐丽. 美国工程伦理研究 [M]. 沈阳：东北大学出版社，2007：37-38.

8. 《清华大学经济管理学院2010～2011学年年度报告》，第14页。《清华大学经济管理学院2011～2012学年年度报告》，第16页。2014年入学的MBA年龄在24至43岁之间，平均年龄31.2岁，平均有8.24年管理工作经验，21.70%的学生具有研究生以上学历。见清华大学经济管理学院《2015年入学清华大学工商管理硕士（MBA）申请通知》。

9. 《学院首届商业伦理辩论赛举行：探讨伦理与社会责任》，载于《清华经管学院简讯》2010年秋季学期刊（总第8期），第12页。《首届中国MBA商业伦理辩论赛清华举行》，载于《清华经管学院简讯》

2011 年春季学期刊（总第 9 期），第 12 页。《第二届中国 MBA 商业伦理辩论赛收官，清华 MBA 辩论队获得亚军》，载于《清华经管学院简讯》2012 年春季学期刊（总第 11 期），第 6 页。《2011 年伟创力商业伦理案例写作比赛启动》，载于《清华经管学院简讯》2011 年秋季学期刊（总第 10 期），第 14 页。David Zhou, "Flextronics Business Ethics Case Competition", *Tsinghua Gateway* (*International MBA Program Newsletter*), Issue 14（2013）: 9. 此外，2008 年，MBA 学生成立了公益社团组织"阳光爱心社"。2009 年开始，经管学院在 MBA 新生入学导向活动中增设了"公益日"环节，引导学生关注社会责任。《2009 级 MBA 新生入学导向首设"公益日"引导同学关注社会责任》，载于《清华经管学院简讯》2009 年秋季学期刊（总第 6 期），第 9 页。

10. 钱小军，姜朋. 你知道我的迷惘——商业伦理案例选辑 [M]. 北京：清华大学出版社，2016.

11. 陈吉宁，《致清华全体师生和校友的一封信》，见 http://www.jygztlh.tsinghua.edu.cn/info/dhbg/1030，2014 年 3 月 17 日访问。另见袁驷，郑力. 创新教育模式、激发学术志趣、提高培养质量：清华大学第 24 次教育工作讨论会文集 [M]. 北京：清华大学出版社，2015：1.《清华大学关于全面深化教育教学改革的若干意见》（清校发〔2014〕29 号）将"三位一体"的表述调整为："价值塑造、能力培养和知识传授"。同前，第 61 页。

12. 2019 年 9 月 25 日，根据《清华大学精品课程评选办法》，经教学委员会 2019 年第 4 次会议审议通过，《伦理与企业责任》被评为"清华大学精品课程"（研究生）。清华大学《关于公布 2019 年清华大学精品课程（研究生）名单的通知》(清校发〔2019〕56 号，2019 年 10 月 9 日)。

13. 《MBA 毕业生衡珊在清华经管学院 2013 毕业典礼上的致辞》，见 http://www.sem.tsinghua.edu.cn/portalweb/sem?__c=fa1&u=xyywcn/61149.htm，2014 年 3 月 21 日访问。

14. 清华大学经管学院 MBA 项目培养目标和学习目标。详见附录 10A。

第十一章

1. 克里斯蒂娜·马斯拉奇. 卓越与公平：创新本科教育的伯克利模式（二）[N]. 新清华，2013-12-27（08）.

2. 李亚伟，《中文系》，见唐晓渡. 灯心绒幸福的舞蹈——后朦胧诗选萃 [M]. 北京：北京师范大学出版社，1992：83-88.

3. 转引自安东尼·科龙曼. 教育的终结——大学何以放弃了对人生意义的追求 [M]. 诸惠芳，译. 北京：北京大学出版社，2013.

4. 詹姆斯·杜德拉斯，弗瑞斯·沃马克. 美国公立大学的未来 [M]. 刘济良，译. 北京：北京大学出版社，2006：27.

5. 相关思考详见杨斌、钱小军、姜朋，《经管学院建设 MBA〈伦理与企业责任〉必修课程的经验与思考》。见袁驷，郑力. 创新教育模式、激发学术志趣、提高培养质量：清华大学第 24 次教育工作讨论会文集 [M]. 北京：清华大学出版社，2015：582-587.

6. MBA Oath: An Oath and Its Flaws. 当然，MBA 誓言中的基本思想，甚至一些措辞，来自哈佛教授 Rakesh Khurana 和 Nitin Nohria 发表在《哈佛商业评论》上的文章。Rakesh Khurana, Nitin Nohria, "It's Time to Make Management a True Profession". *Harvard Business Review*, Oct, 2008. 1976 年，哈佛商学院开始开设商业伦理讲座，并采用伦理案例分析的形式。见刘可风，龚天平，冯德雄. 企业伦理学 [M]. 武汉：武汉理工大学出版社，2011：4. 20 世纪 90 年代初期，哈佛商学院的 MBA 在入学后就要学习一门伦理课（以课堂案例讨论的形式)，只是该课程只记通过不打分。见罗伯特·瑞德.第一年：哈佛 MBA 求学生活实录 [M].傅士哲，译.台北：先觉出版股份有限公司，1999：49-50.从 2003 年秋季学期开始，哈佛商学院又推出了 MBA 必修课 Leadership and Corporate Accountability。在西方，专业人员宣布誓言的传统可以追溯到古希腊医生希波克拉底那里。如今，（修订后的）"希波克拉底誓言"已成为西方医学院学生成为医师前所必做的承诺。

7. 希拉·斯劳特，拉里·莱斯利.学术资本主义 [M].梁骁，黎丽译，潘发勤，译.北京：北京大学出版社，2014：4.专业人员固然不做广告，但其所在机构则未必不做。大学的教学科研人员被认为是专业人员的一个重要分支。但如今越来越多的美国大学在招生时采用广告："广告，曾被视为仅适于夏季招生的一种方式，如今可谓稀松平常。《纽约时报》最近一期《教育生活》栏目中共有 61 个大学或学院的广告，10 个是专属纽约大学的——其中 7 个为整版广告……意大利的大学在广告费用上的投入已由 1997 年的 50 万美元增至 2001 年的 500 万美元。美国的许多高校则纷纷雇用公关公司以确保自己能在媒体上吸引足够的眼球"。弗兰克·纽曼，莱拉·科特瑞亚，杰米·斯葛瑞.高等教育的未来：浮言、现实与市场风险 [M].李沁，译.北京：北京大学出版社，2012：13-14.与英国法律界渊源颇深的香港地区律师行也会在《中国法律》这样的杂志上做广告，只不过其使用的是"荣誉订户"的名头。

8. 希拉·斯劳特，拉里·莱斯利.学术资本主义 [M].梁骁，黎丽译，潘发勤，译.北京：北京大学出版社，2014：4.事实上，即便是通常被视为职业人的律师行业内部，对于如何界定"职业"（professionalism）也存在争论。Roger C Cramton, *On Giving Meaning to " Professionalism" Teaching and Learning Professionalism*

Symposium Proceedings (Illinois: L Oak Brook, 1996) 8-24.

9. 崔小姣 .MBA 誓言与商业伦理道德探索性研究 [D]. 清华大学，2011.

10. 清华大学经济管理学院《MBA〈伦理与企业责任〉课程大纲》（2010
    年秋季学期）。

11. 见《左传·襄公二十年》。

12. 王海明 . 伦理学原理 [M]. 北京：北京大学出版社，2009：9. 事实上，
    法律与道德的关系远比这要复杂。自然法理论的奠基人托马斯·阿
    奎那（St. Thomas Aquino，1225—1274）和法律实证主义奠基人约
    翰·奥斯丁（John Austin，1790—1859）虽然在研究法律的方法上
    存在很大差异，但都强调法律受制于来道德观念的评价，都相信
    存在可据以对法律进行适当判断的准则。大卫·里昂斯，《道德判断
    与法律》，见赫尔德，等 . 律师之道 [M]. 袁岳，译 . 北京：中国政法
    大学出版社，1992：137.

13. 崔小姣，MBA 誓言与商业伦理道德探索性研究 [D]. 清华大学，
    2011. 从问卷受访对象情况分析来看，其中不乏工作经验少于 3 年的
    学生，其来自国际 MBA 项目，而非全日制 MBA 项目。

14. 毛泽东，《纪念白求恩》，见毛泽东 . 毛泽东选集（第二卷）[M]. 北京：
    人民出版社，1966：21.

15. 令人疑惑的是，崔小姣在两处提到的具体数字不尽一致，第 15 页称
    "有约 82% 的撰写者提到不触犯法律"，第 16 页则称 "92% 的学生
    表示 '将以国家法律法规为行为准绳，尊重并维护法律'"。

16. L. Kohlberg, "Stage and Sequence: The Cognitive-developmental
    Approach to Socialization", D. Goslin ed. *Handbook of Socialization
    Theory and Research*（1969）347-480. 另见理查德 T 德·乔治 . 经
    济伦理学（原书第 5 版）[M]. 李布，译 . 北京：北京大学出版社，
    2002：42-43.

17. 《清华大学经济管理学院 2010 ~ 2011 学年年度报告》，第 14 页。

18. 崔小姣 .MBA 誓言与商业伦理道德探索性研究 [D]. 清华大学，2011：16.

19. 同上。

20. James Rest, *Development in Judgment Moral Issues*（Minneapolis: University of Minnesota, 1979）.

21. 海因茨两难抉择：欧洲有位妇人得了怪病，生命垂危。只有本城一个药剂师的新药可以救她，但该药售价昂贵，尽管成本只有其售价的 1/10。丈夫海因茨只借到一半的钱，走投无路偷走药，治好了妻子的病。

22. 逃犯两难抉择：有个被判 10 年徒刑的犯人只服刑一年便逃脱，改名汤普逊。8 年来，他努力工作，有了自己的事业。他做生意讲求公道，付高薪给雇员，并把大部分利润都捐给慈善机构。然而一天，多年前的老邻居琼斯女士认出他就是那个通缉犯。

23. 报纸抉择：高三学生傅瑞德想发行一种校内报纸，以表达自己的想法和见解。他的请求得到校长的许可，条件是每次先把所有的文章交校长审阅。报纸顺利出版了两期，并在学生中引起反响。学生们组织起来抗议学校禁止留长发及其他一些规定。愤怒的家长们要求校长不让该报在学校发行。校长命令傅瑞德停止出刊。

24. 其他得分还有 M-score、A-score、D-score 等。

25. 处在这个阶段的当事人，相信法律是为了维护社会和大众的最大共同利益而制定的。

26. 按照科尔伯格的理论，处在这个阶段的当事人在对道德事件进行判断时，会强调真理和正义的一致性与普遍性。

27. 大卫·里昂斯，《道德判断与法律》，见赫尔德，等 . 律师之道 [M]. 袁岳，译 . 北京：中国政法大学出版社，1992：135.

28. 安东尼·科龙曼.教育的终结——大学何以放弃了对人生意义的追求 [M].诸惠芳,译.北京:北京大学出版社,2013:6.

29. 安东尼·科龙曼.教育的终结——大学何以放弃了对人生意义的追求 [M].诸惠芳,译.北京:北京大学出版社,2013:81-85.

30. 其余几部分分别是:案例分析提纲 20%、课堂参与 30%、周记 20%。

31. 贺国庆.滕大春教育文集 [M].南京:江苏教育出版社,2010:416.

32. 詹姆斯·杜德拉斯,弗瑞斯·沃马克.美国公立大学的未来 [M].刘济良,译.北京:北京大学出版社,2006:3.

33. 如今,在清华大学经济管理学院 MBA 新生入学导向活动中,学生要共同宣读《清华 MBA 社会责任誓词》。见 http://www.sem. tsinghua.edu.cn/portalweb/appmanager/portal/mbas?_nfpb=true&_page Label=P2320271578133534005133 7&u=xmxwcn/66551.htm。2014 年 9 月 18 日访问。誓词相对简单,2014 年的版本为:"作为清华 MBA 群体的一员,我们立志成为未来中国乃至世界范围的领导者,为中国和世界的经济与社会发展贡献力量。我们深知自身肩负的责任与使命,并随时准备应对各种挑战。在此,我们郑重承诺:我们将永远维护清华 MBA 的名誉,我们将担负社会责任,以对社会负责任的态度判断问题、制定决策、采取行动。我们将抵制任何违反职业道德的行为,身先士卒,做出表率。"

[1] 赫尔曼·康特洛维茨.为法学而斗争·法的定义 [M].雷磊,译.北京:中国法制出版社,2011.

[2] 小约瑟夫·巴达拉克.沉静领导 [M].杨斌,译.北京:机械工业出版社,2008.

[3] 北京市科学道德和学风建设宣讲教育领导小组.科学道德和学风建设简明读本 [M].北京:中国科学技术出版社,2012.

[4] 卞桂平,汪荣有.刍议"不言之教"的教学伦理旨趣 [J].教育导刊,2018(11)。

[5] 劳伦斯 A 博兰.批判的经济学方法论 [M].王铁生,尹俊骅,陈越.北京:经济科学出版社,2000.

[6] 哈罗德 J 伯尔曼.法律与革命——西方法律传统的形成 [M].贺卫方,高鸿钧,张志铭,夏勇,译.北京:中国大百科全书出版社,1993.

[7] 西蒙·布莱克本.我们时代的伦理学 [M].梁曼莉,译.南京:译林出版社,2013.

[8] 陈青之.中国教育史(上)[M].长沙:岳麓书社,2010.

[9] 程炼 . 理学导论 [M]. 北京：北京大学出版社，2008.

[10] Christensen, C. Roland. David A Garvin and Ann Sweet. *Education for Judgment: the Artistry of Discussion Leadership*. Boston, Massachusetts: Harvard Business School Press, 1991.

[11] Ciulla, Joanne B. Clancy Martin, Robert C Solomon. *Honest Work: A Business Ethics Reader*, 2nd ed. New York, Oxford: Oxford University Press, 2011.

[12] Cramton, Roger C. *Teaching and Learning Professionalism Symposium Proceedings*. Illinois: L Oak Brook, 1996.

[13] 崔小姣 . MBA 誓言与商业伦理道德探索性研究 [D]. 清华大学，2011.

[14] Jardins, Joseph Des. *An Introduction to Business Ethics, International Edition*, 4th ed. New York :McGraw Hill, 2011.

[15] 刁统菊 . 民俗学学术伦理追问：谁给了我们窥探的权利？——从个人田野研究的困惑谈起 [J]. 民俗研究，2013（6）.

[16] 丁锦宏 . 教育科学研究中研究对象的保护伦理 [J]. 南通大学学报（教育科学版），2008（3）.

[17] 詹姆斯·杜德拉斯，弗瑞斯·沃马克 . 美国公立大学的未来 [M]. 刘济良，译 . 北京：北京大学出版社，2006.

[18] 方流芳 . 追问法学教育 [J]. 中国法学，2008（6）.

[19] 亨德里克·房龙 . 宽容 [M]. 迮卫，靳翠微，译 . 北京：生活·读书·新知三联书店，1985.

[20] 冯翔 . "人生怎么能假设呢？"专访宋彬彬 [N]. 南方周末，2014-3-13（D28）.

[21] 格雷戈里 E 彭斯 . 医学伦理经典案例（原书第 4 版）[M]. 聂精保，胡林英，译 . 长沙：湖南科学技术出版社，2010.

[22] 罗纳德·格罗斯.苏格拉底之道 [M].徐弢，李思凡，译.北京：北京大学出版社，2015.

[23] Ted Genoways. 龙舌兰的诅咒 [J]. 商业周刊，2013（22）.

[24] Gentile, Mary C. *Giving Voice to Values*: *How to Speak Your Mind When You Know What's Right*. New Haven, London: Yale University Press, 2010.

[25] 哈佛委员会.哈佛通识教育红皮书 [M].李曼丽，译.北京：北京大学出版社，2010.

[26] 冯·哈耶克.哈耶克论文集 [M].邓正来，译.北京：首都经济贸易大学出版社，2001.

[27] 乔纳森·海特.正义之心：为什么人们总坚持"我对你错" [M].胡舒月，胡晓旭，译.杭州：浙江人民出版社，2014.

[28] 朱东润.古文鉴赏辞典 [M].南京：江苏文艺出版社，1987.

[29] 丛杭青.世界 500 强企业伦理宣言精选 [M].北京：清华大学出版社，2019.

[30] 蒿楠.教学伦理：内涵、关键话题与实践回应 [J].思想理论教育，2013（12）.

[31] 何怀宏.一种普遍主义的底线伦理学 [J].读书，1997（4）.

[32] 贺国庆.滕大春教育文集 [M].南京：江苏教育出版社，2010.

[33] 黄富峰，宗传军，马晓辉.研究生学术道德培育研究 [M].北京：中国社会科学出版社，2012.

[34] 艾伦 M 霍恩布鲁姆，朱迪斯 L 纽曼，格雷戈里 J 多贝尔.违童之愿：冷战时期美国儿童医学实验秘史 [M].丁立松，译.北京：北京大学出版社 2015.

[35] 季明峰，代建军.教学伦理研究综述 [J].教育导刊，2013（1）.

[36] 《简明伦理学辞典》编辑委员会.简明伦理学辞典 [M].兰州：甘肃

人民出版社，1987.

[37] 姜朋. 刀具故事——规则的变迁与解释. 见葛洪义. 法律方法与法律思维（第 2 辑）[M]. 北京：中国政法大学出版社，2003.

[38] 姜朋. 现实与理想：中国法律硕士专业学位教育 [J]. 中外法学，2005（6）.

[39] 姜朋. 文科的竞慢特质 [J]. 社会科学论坛，2012（11）.

[40] 姜朋. 经济特区立法权问题评析 [J]. 中国法律，2013（2）.

[41] 姜朋. 异哉，所谓"淘汰腾空间" [J]. 社会科学论坛，2013（11）.

[42] 蒋惠玲. 美国大学伦理审查委员会的运作及其制度基础 [J]. 比较教育研究，2011（3）.

[43] 康德. 道德形而上学（注释本）[M]. 张荣，李秋零，译注. 北京：中国人民大学出版社，2013.

[44] 安东尼·科龙曼. 教育的终结——大学何以放弃了对人生意义的追求 [M]. 诸惠芳，译. 北京：北京大学出版社，2013.

[45] 柯武刚，史漫飞. 制度经济学：社会秩序与公共政策 [M]. 韩朝华，译. 北京：商务印书馆，2000.

[46] Khurana, Rakesh Nitin Nohria. "It's Time to Make Management a True Profession". *Harvard Business Review*, 2008.

[47] Kohlberg L. "Stage and Sequence: The Cognitive-developmental Approach to Socialization". *Handbook of Socialization Theory and Research*, 1969.

[48] 古斯塔夫·拉德布鲁赫. 法律智慧警句集 [M]. 舒国滢，译. 北京：中国法制出版社，2001.

[49] Mauffette-Leenders, Louise A James A Erskine and Michiel R Leenders. *Learning with Cases*. 4th ed. London, Ontario: Ivey Publishing, 2007.

[50] 赫尔德，等．律师之道 [M]．袁岳，译．北京：中国政法大学出版社，1997．

[51] 约翰 L 雷克特．智利史 [M]．郝名玮，译．北京：中国大百科全书出版社，2009．

[52] 赫尔德，等．律师之道 [M]．袁岳，译．北京：中国政法大学出版社，1992．

[53] 唐纳德·里奇．大家来做口述史：实务指南（原书第 2 版）[M]．王芝芝，姚力，译．北京：当代中国出版社，2006．

[54] 李慧翔．国外的"论文博士"并不水 [N]．南方周末，2012-5-17（E32）．

[55] 李零．丧家狗——我读〈论语〉[M]．太原：山西人民出版社，2008．

[56] 李健亚．马岩松 vs 吴晨：传统＋社会责任构筑未来 [N]．新京报，2014-5-14（C12）．

[57] 李歆，王琼．美国人体试验受试者保护的联邦法规及对我国的启示 [J]．上海医药，2008（9）．

[58] 李小红．有效教学的伦理自觉 [J]．当代教育科学，2013（6）．

[59] 唐晓渡．灯心绒幸福的舞蹈——后朦胧诗选萃 [M]．北京：北京师范大学出版社，1992．

[60] 梁营章，张华毓．清华附小的德育细节 [M]．上海：华东师范大学出版社，2013．

[61] 人民教育出版社小学语文编辑室．(五年制小学课本)语文（第九册）[M]．北京：人民教育出版社，1982．

[62] 罗尔纲．师门五年记·胡适琐记 [M]．北京：生活·读书·新知三联书店，2006．

[63] 刘可风，龚天平，冯德雄．企业伦理学 [M]．武汉：武汉理工大学出版社，2011．

[64] 哈瑞·刘易斯. 失去灵魂的卓越：哈佛是如何忘记教育宗旨的 [M].
侯定凯，译. 上海：华东师范大学出版社，2007.

[65] 柳林，潘婷瑶. 申卫星教授专访：清华法学人的自觉与担当 [J]. 法
苑，2014（4）.

[66] 龙红霞. 学术伦理及其规制研究 [M]. 重庆：西南师范大学出版社，
2017.

[67] 卢梭. 社会契约论 [M]. 何兆武，译. 北京：商务印书馆，1980.

[68] 刘宏章，乔清举. 论语·孟子 [M]. 北京：华夏出版社，2000.

[69] 陈晓芬，徐儒宗，译注. 论语·大学·中庸 [M]. 2 版. 北京：中华
书局，2015.

[70] 罗志敏. 大学学术伦理规制：内涵、特性及实施框架 [J]. 清华大学
教育研究，2010（6）.

[71] 罗志敏. 学术伦理规制——研究生学术道德建设的新思路 [M]. 北
京：知识产权出版社，2013.

[72] 克里斯蒂娜·马斯拉奇. 卓越与公平：创新本科教育的伯克利模式
（二）[N]. 新清华，2013-12-27（08）.

[73] 道格拉斯·麦格雷戈. 企业的人性面 [M]. 韩卉，译. 杭州：浙江人
民出版社，2017.

[74] 黛布拉 E 迈耶森. 温和激进领导 [M]. 杨斌，朱童，译. 北京：机械
工业出版社，2015.

[75] 毛泽东. 毛泽东选集（第二卷）[M]. 北京：人民出版社，1966.

[76] 毛泽东. 毛泽东著作选读（下册）[M]. 北京：人民出版社，1986.

[77] 梅因. 古代法 [M]. 沈景一，译. 北京：商务印书馆，1959.

[78] 美国医学科学院、美国科学三院国家科研委员会. 科研道德：倡导
负责行为 [M]. 苗德岁，译. 北京：北京大学出版社，2007.

[79] 米靖. 大学教学伦理初探 [J] 北京科技大学学报（社会科学版），

2007（1）.

[80] 孙波.墨子（全文注释本）[M].北京：华夏出版社，2000.

[81] 韦恩·莫里森.法理学——从古希腊到后现代 [M].李桂林，李清伟，侯健，郑云端，译.武汉：武汉大学出版社，2003.

[82] 詹姆士 E 莫里特诺，乔治 C 哈瑞斯.国际法律伦理问题 [J].刘晓兵，译.北京：北京大学出版社，2013.

[83] 弗兰克·纽曼，莱拉·科特瑞亚，杰米·斯葛瑞.高等教育的未来：浮言、现实与市场风险 [M].李沁，译.北京：北京大学出版社，2012.

[84] 约翰·亨利·纽曼.大学的理念 [M].高师宁，何克勇，何可人，何光沪，译.贵阳：贵州教育出版社，2003.

[85] 纽曼.大学的理念（英文）[M].北京：中国人民大学出版社，2012.

[86] 潘小春.什么是"好"教学：教学伦理概念辨析——基于赫尔巴特"教育性教学"的视角 [J].教育理论与实践，2015（13）.

[87] 潘阳.普通高等学校招生并轨改革 [N].光明日报，1996-4-9（6）.

[88] 彭立.防范经济学家成"托儿" [N].人民日报，2011-1-19（21）.

[89] 蒲坚.中国法制史（修订本）[M].2 版.北京：光明日报出版社，1999.

[90] 钱小军，姜朋.你知道我的迷惘——商业伦理案例选辑 [M].北京：清华大学出版社，2016.

[91] 钱小军，姜朋.价值塑造是一项长期且极具挑战性的工作 [N].新清华，2019-9-27（A08）.

[92] 钱小军，孔茗."好士兵"还是"好演员"——企业中的道德绑架 [J].清华管理评论，2015（1-2）.

[93] 钱昊平.评估之后再建言：取消审批，别"松了绑、留着绊" [N].南方周末，2014-9-18（B9）.

[94] 钱颖一. 如何理解"无用"知识的有用性 [N]. 北京日报，2015-6-15.

[95] 理查德 T 德·乔治. 经济伦理学（原书第 5 版）[M]. 李布，译. 北京：北京大学出版社，2002.

[96] 理查德 T 德·乔治. 企业伦理学（原书第 7 版）[M]. 王漫天，唐爱军，译. 北京：机械工业出版社，2012.

[97] Rest, James. *Development in Judgment Moral Issues*. Minneapolis: University of Minnesota, 1979.

[98] "Retaining the Choice of Actions in Standing Up for Values", *Tsinghua Gateway (International MBA Program Newsletter)*, Issue 6 (Nov. 2008): 4. "Enhancing Perspectives with MIT Visiting Lecturers", *Tsinghua Gateway (International MBA Program Newsletter)*, Issue 8（Sep. 2009）.

[99] 罗伯特·瑞德. 第一年：哈佛 MBA 求学生活实录 [M]. 傅士哲，译. 台北：先觉出版股份有限公司，1999.

[100] 费尔南多·萨尔瓦多. 伦理学的邀请 [M]. 于施洋，译. 北京：北京大学出版社，2015.

[101] 沈辉香，何齐宗. 正义与关怀：教师道德价值取向的诠释 [J]. 高等教育研究，2019（4）.

[102] 希拉·斯劳特，拉里·莱斯利. 学术资本主义 [M]. 梁骁，黎丽译，潘发勤，译. 北京：北京大学出版社，2014.

[103] 斯坦尼斯拉夫斯基. 斯坦尼斯拉夫斯基全集（第四卷）[M]. 郑雪来，等译. 北京：中国电影出版社，1963.

[104] 斯特赖克，索尔蒂斯. 教育伦理 [M]. 洪成文，等译. 北京：教育科学出版社，2007.

[105] 舒国滢.17、18 世纪欧洲自然法学说：方法、知识谱系与作用 [J]. 比较法研究，2014（5）.

[106] 迈克尔·舒特.执业伦理与美国法律的新生 [M].赵雪纲，牛玥，等译.北京：当代中国出版社，2014.

[107] 唐广君.教学伦理——促进师生之间的民主、平等和对话 [J].江苏教育，2010（10）.

[108] 唐丽.美国工程伦理研究 [M].沈阳：东北大学出版社，2007.

[109] 王海明.伦理学原理 [M].北京：北京大学出版社，2009.

[110] 王洁.宅在月宫一整年 [J].航空知识，2018（4）.

[111] 王锦飞.教学伦理问题不容回避 [J].思想政治课教学，2011（12）.

[112] 王小波.我的精神家园——王小波杂文自选集 [M].北京：文化艺术出版社，1997.

[113] 汪明，张睦楚.对开展教学伦理学研究反对之声的回应与批判 [J].中国教育学刊，2015（8）.

[114] 马克斯·韦伯.伦理之业：马克斯·韦伯的两篇哲学演讲（最新修订版）[M].王容芬，译.桂林：广西师范大学出版社，2008.

[115] 韦森.经济学与伦理学：探寻市场经济的伦理维度与道德基础 [M].上海：上海人民出版社，2002.

[116] 伍俏玲.教学伦理的缺失与重建 [J].当代教育科学，2012（21）.

[117] 吴文胜，汪刘生.教学伦理透视 [J].浙江教育学院学报，2009（5）.

[118] 徐贲.当代犬儒主义的良心与希望 [J].读书，2014（7）.

[119] 许路阳."高考将分'技能性''学术型'两模式"[N].新京报，2014-3-23（A08）.

[120] 杨斌.毕业典礼致辞请别再称呼"家长"[N].新京报，2014-2-17（D02）.

[121] 杨斌.须诚意正心，方修齐治平（推荐序），见乔安娜·巴斯，约翰妮·拉沃伊.正念领导——麦肯锡领导力方法 [M].于中华，译.北京：电子工业出版社，2015.

[122] 杨斌. 处"异"不惊(译者序),见黛布拉 E 迈耶森. 温和激进领导 [M]. 杨斌,朱童,译. 北京:机械工业出版社,2015.

[123] 杨斌. 做合格导师需从心从德从范 [N]. 人民日报,2017-4-20(17).

[124] 杨斌."真的汉子"的经营真经(推荐序),见古森重隆. 灵魂经营:富士胶片的二次创业神话 [M]. 栾殿武,译. 成都:四川人民出版社,2017.

[125] 杨斌. 大学的人性面:颠覆与祛魅 [J]. 清华大学教育研究,2017(6).

[126] 杨斌. 新时代更要重视人文红利 [J]. 瞭望,2018(19).

[127] 杨斌."学好"的三层境界 [N]. 学习时报,2020-1-10.

[128] 杨斌. 校园称呼非小事　价值塑造蕴其中 [N]. 中国教育报,2020-6-26(02).

[129] 杨斌,姜朋,钱小军. 专业硕士学位项目与职业伦理教育二题 [J]. 学位与研究生教育,2014(6).

[130] 杨斌,姜朋,钱小军.MBA 商业伦理教育中誓言写作的实效评价 [J]. 清华大学教育研究,2014(5).

[131] 杨斌,姜朋. 大学的学术伦理之维 [J]. 学位与研究生教育,2018(5).

[132] 杨斌,姜朋. 师责辨难:大学教学伦理论要 [J]. 清华大学教育研究,2019(5).

[133] 杨斌,姜朋,钱小军. 案例教学法在职业伦理课上的运用 [J]. 学位与研究生教育,2019(12).

[134] 杨斌,钱小军,姜明,经管学院建设 MBA"伦理与企业责任"必修课程的经验与思考,见袁驷,郑力. 创新教育模式、激发学术志趣、提高培养质量:清华大学第 24 次教育工作讨论会文集 [C]. 北京:清华大学出版社,2015.

[135] 杨萍,等. 高校学术道德与学术诚信体系建设问题研究 [M]. 成都:

西南财经大学出版社，2015.

[136] 杨晓峰.当代教学伦理研究综述 [J].教学与管理，2011.

[137] 杨秀峰.当前高等教育工作的几个主要问题.见中华人民共和国第一届全国人民代表大会第三次会议文件 [M].北京：人民出版社，1956.

[138] 俞敏.地外生存，最需要的是心理健康 [J].航空知识，2018（7）.

[139] 曾金华.财政部、住房城乡建设部携手治理"马路拉链"问题：地下综合管廊试点获中央财政支持 [N].经济日报，2015-1-14（6）.

[140] 缪文远，李萌昀.战国策 [M].北京：中华书局，2016.

[141] 张广君，宋文文.教师"为他责任"伦理：言说与批判 [J].高等教育研究，2019（2）.

[142] 张海洪，丛亚丽.美国联邦受试者保护通则最新修订述评 [J].医学与哲学，2017（11A）：11.

[143] 张玉学.贪官忏悔录：表功忆苦不忘感恩 [N].新京报，2014-1-12（A15）.

[144] 赵蕾.李瑞环谈改革、民生等话题 [N].南方周末，2007-4-12（A4）.

[145] 赵荣辉，金生鈜.大学的伦理德性与内部治理 [J].高等教育研究，2019（4）.

[146] 郑也夫.吾国教育病理 [M].北京：中信出版社，2013.

[147] 钟钢.资中筠：中国教育不改变，人种都会退化 [J].南都周刊，2012（29）.

[148] 中国科学院.关于科学理念的宣言·关于加强科研行为规范建设的意见 [M].北京：科学出版社，2007.

[149] 周华蕾，杨璐."叛逃"教育工厂 [N].南方周末，2014-4-17（A5）.

[150] 周建平.教学伦理研究：一个值得关注的课题 [J].教育评论，2001（3）.

[151] 杨玉圣，张保生.学术规范读本 [M].开封：河南大学出版社，2004.

[152] David Zhou.Flextronics Business Ethics Case Competition, *Tsinghua Gateway (International MBA Program Newsletter)*, Issue 14, 2013.

[153] 朱柳笛.杀警脱逃近10天最后一逃犯落网 [N].新京报，2014-9-12（A10）.

[154] 朱庆育.个人主义思想的古希腊渊源 [J].社会科学论坛，2001（7）.

[155] 祝新宇，曾婷.责任：教学伦理的核心 [J].中国德育，2012（3）.

[156] 祝乃娟."论文博士"应该被取缔 [N].21世纪经济报道，2012-5-8（4）.

[157] 雷仲康.庄子 [M].呼和浩特：远方出版社，2004.